燃气行业从业人员专业培训教材

燃气用户安装检修

主　编　张丽娜　刘晓鹏

中国环境出版集团·北京

图书在版编目（CIP）数据

燃气用户安装检修 / 张丽娜，刘晓鹏主编. --北京：中国环境出版集团，2024.1

燃气行业从业人员专业培训教材

ISBN 978-7-5111-5486-6

Ⅰ.①燃… Ⅱ.①张…②刘… Ⅲ.①城市燃气—燃气设备—检修—技术培训—教材 Ⅳ.①TU996.8

中国国家版本馆 CIP 数据核字（2023）第 053373 号

出 版 人	武德凯
责任编辑	易　萌
封面设计	彭　杉

出版发行	中国环境出版集团
	（100062　北京市东城区广渠门内大街16号）
	网　　址：http://www.cesp.com.cn
	电子邮箱：bjgl@cesp.com.cn
	联系电话：010-67112765（编辑管理部）
	010-67112739（第三分社）
	发行热线：010-67125803，010-67113405（传真）
印　　刷	玖龙（天津）印刷有限公司
经　　销	各地新华书店
版　　次	2024年1月第1版
印　　次	2024年1月第1次印刷
开　　本	880×1230　1/32
印　　张	5.875
字　　数	150千字
定　　价	21.00元

序　言

　　燃气是重要的清洁能源之一，在一次能源结构中的占比快速提高。城镇燃气安全稳定供应，事关能源结构调整、清洁能源高效利用、改善和保障民生、社会和谐稳定，意义重大。中共中央、国务院高度重视燃气安全。燃气安全事故一旦发生，给人民群众生命财产安全造成损失。国务院颁布的《城镇燃气管理条例》第十五条规定"企业的主要负责人、安全生产管理人员以及运行、维护和抢修人员经专业培训并考核合格"，第二十七条中规定"单位燃气用户还应当建立健全安全管理制度，加强对操作维护人员燃气安全知识和操作技能的培训"。从事燃气行业或使用燃气，熟悉燃气知识、掌握燃气专业技能是科学利用燃气的关键。

　　保障燃气设备平稳运行，关键在人才队伍建设。2022 年 5 月 1 日起施行的《中华人民共和国职业教育法》，第二十四条规定"企业应当按照国家有关规定实行培训上岗制度。企业招用的从事技术工种的劳动者，上岗前必须进行安全生产教育和技术培训；招用的从事涉及公共安全、人身健康、生命财产安全等特定职业（工种）的劳动者，必须经过培训并依法取得职业资格或者特种作业资格"。为更好地适应这一需要，我们组织高等职业院校骨干教师和行业管理专家编写了"燃气行业从业人员专业培训教材"系列丛书。

　　"燃气行业从业人员专业培训教材"系列丛书针对燃气行业基本

工种，包括《燃气通用知识与专业知识》《燃气相关法律法规与经营企业管理》《燃气管网运行》《压缩天然气场站运行》《液化天然气储运》《液化石油气库站运行》《燃气用户安装检修》《燃气输配场站运行》《汽车加气站操作》，突出通识性、适用性、实用性、时效性，总结提炼典型经验做法，实现理论知识和专业技能的融合。既适用于从业人员上岗培训、待业人员就业培训，也适用于职业技能鉴定机构组织培训。对职业院校师生、燃气行业技术使用者也有较高的参考价值。这套教材的出版，一定能够为广大燃气行业从业人员提供有益的帮助，对燃气知识的学习、技术技能的提高起到积极的推动作用。

前　　言

　　为加快燃气行业高技能人才队伍建设，推动行业全面发展，促进行业转型升级和高质量发展，我们邀请了多位知名专家和学者，通过对燃气行业现场的经验的总结以及对燃气工程项目的实地考察，建立了一套科学的行业工程理论体系，结合实践经验和理论知识，参考有关国家标准及行业标准，共同编写了"燃气经营企业从业人员专业培训教材"系列丛书，为燃气行业技能人才培养提供服务，以提升从业人员的职业技能水平，进一步提高工程质量和安全生产水平。

　　本书是"燃气行业从业人员专业培训教材"系列丛书之一，全书共五章，内容包括识图基础知识、户内燃气管道安装、燃气灶、燃气热水器、燃气设施的运行等内容，由山东城市建设职业学院的张丽娜、刘晓鹏担任主编，山东港华培训学院的陈玉辉、王宝宝，山东城市建设职业学院的甘信广任副主编。第一章由张丽娜、刘晓鹏、甘信广编写；第二章由刘晓鹏、陈玉辉、张丽娜、甘信广编写；第三章由张丽娜、陈玉辉编写；第四章由陈玉辉、王宝宝、张丽娜编写；第五章由陈玉辉、王宝宝、张丽娜编写。本书的编写得到了山东城市建设职业学院有关领导及山东省燃气热力协会秘书长张培新、山东城市建设职业学院宋克农、杜彦等的技术支持。谨此向为本书的编写工作提供了大力支持的单位和专家深表谢意！

　　本书在编写时参考了大量文献资料，因时间仓促、经验不足，书中的疏漏和不妥之处在所难免，恳请广大读者批评指正。

编者

目 录

第一章

识图基础知识

第一节　制图基本知识

工程图样是工程界的语言。工程图样的绘制和阅读是工程技术人员必须掌握的一种技能。正确地识读工程图样，是燃气用户安装检修工按照设计要求进行室内管道安装、燃具安装、检修的前提。工程图样有统一的标准，本节参照相关标准主要介绍图纸幅面、图框线和标题栏、图线、比例、尺寸标注等制图标准。

1. 图纸幅面

常用图纸幅面有 5 种，分别为 A0、A1、A2、A3、A4。图纸的大小可参照表 1-1 中的规定。

2. 图框线和标题栏

图纸上限定绘图区域的线框称为图框，用粗实线绘制。标题栏位于图纸的右下角，用来填写设计单位名称、工程名称、设计人、图号等（图 1-1）。

表 1-1 图纸幅面及尺寸 单位：mm

尺寸代号	图幅代号				
	A0	A1	A2	A3	A4
$B×L$	841×1 189	594×841	420×594	297×420	210×297
c	10			5	
a	25				

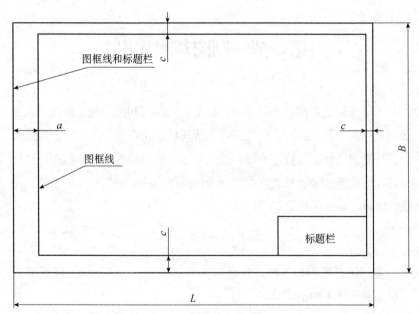

图 1-1 图框线和标题栏

3. 图线

（1）图线的型式及应用

图中的图线必须采用国家标准规定的图线，见表 1-2。

表 1-2　图线的型式及应用

名称	型式	应用
粗实线	▬▬▬▬▬▬	可见的轮廓线、可见的棱边线
细实线	——————	尺寸线、尺寸界线、剖面线、引出线
波浪线	〜〜〜〜〜	断开处的边界线、视图和剖视图的分界线
虚线	⋯⋯⋯⋯⋯	不可见的轮廓线、不可见的棱边线
点画线	—·—·—·—·—	轴线、对称中心线
折断线	—————⌐∟——————	断开界限

（2）图线画法

1）虚线、点画线的线段长度和间隔应各自相等。

2）点画线中的点应是极短的一段直线，长约 1 mm，不能画成圆点，且点、线应一起绘制在线的首末两端，应为长画线，不能画成点。点画线应超出图形的轮廓线 3～5 mm。

3）虚线、点画线与任何图线相交时都应交在线段处；当虚线是其他图线的延长线时，连接处应留有空隙。

4）两条平行线之间的最小间隙不宜小于其中的粗线宽度，且不得小于 7 mm。

5）图线不得与文字、数字或符号重叠、混淆，不可避免时，图线可断开，以保证字的清晰。

4. 比例

图样的比例是指图形与实物相对应的线性尺寸之比。若图样上某线段长为 10 mm，而实物与其对应的线段长为 1 000 mm 时，比例等于 1：100。应该注意的是，不管用哪种比例绘制图纸，图纸中的尺寸都要按照实物的大小进行标注（燃气工艺流程图不按比例绘制）。

5. 标注尺寸

图样中标注的尺寸是物体的大小而不是图的大小。图样中的尺寸以毫米（mm）为单位，不必注明。如用其他单位必须注明单位符号。正确标注尺寸，应该做到完整、清晰、合理。

第二节　投影与轴测图

一、投影

1. 投影的分类

（1）中心投影

投影中心 S 在有限的距离内发出放射状投影线，这些投影线与投影面相交作出的投影，称为中心投影，如图 1-2 所示。

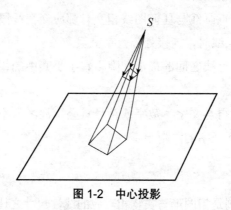

图 1-2　中心投影

（2）平行投影

平行投影又可分为正投影和斜投影，投影方向垂直于投影面时所作出的平行投影，称为正投影，如图 1-3 所示。

工程施工图都是采用正投影法绘制正投影图。形体的三面正投影图，每个投影图只反映形体长、宽、高3个方向中的2个，识读时必须把3个投影图联系起来，才能体现出空间形体的全貌。正投影图作图简单但直观性差。正投影图我们通常简称"投影"。

投影方向倾斜于投影面时所作出的平行投影，称为斜投影，如图1-4所示。

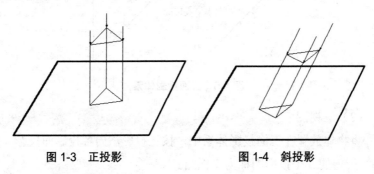

图1-3　正投影　　　　　　　图1-4　斜投影

2. 三视图的形成

（1）三面投影体系的建立

3个互相垂直的投影面构成三面投影体系。

三面投影体系：

1）水平投影面（简称"水平面"），用字母 H 表示。

2）正立投影面（简称"正面"），用字母 V 表示。

3）侧立投影面（简称"侧面"），用字母 W 表示。

每2个投影面的交线称为投影轴。

1）OX 轴，是 V 面与 H 面的交线。

2）OY 轴，是 H 面和 W 面的交线。

3）OZ 轴，是 V 面和 W 面的交线。

分别简称为 X 轴、Y 轴、Z 轴。3条投影轴垂直相交的交点 O 称为原点，如图1-5所示。

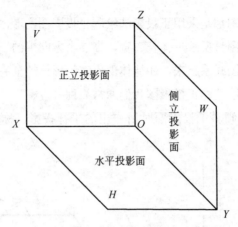

图 1-5　三面投影体系

（2）三视图

将物体放置在三面投影体系中，按正投影法向各投影面投影（图1-6）所得的 3 个投影图称为三视图。

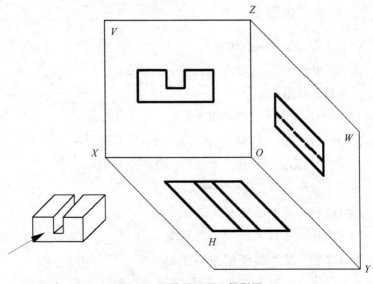

图 1-6　物体的三面正投影图

1) 主视图：由前向后在 V 面的投影。

2) 俯视图：由上向下在 H 面的投影。

3) 左视图：由左向右在 W 面的投影。

（3）三面投影体系的展开

由于 3 个投影面是两两相互垂直的关系，因此形体的 3 个投影不在同一个平面上。为了能在一个平面上同时反映这 3 个投影，需要保持 V 面不变，将 H 面绕 OX 轴向下旋转 90º，将 W 面投影绕 OZ 轴向右旋转 90º，使 H 面、W 面转到与 V 面共面，并去掉投影面边框。如图 1-7、图 1-8 所示。

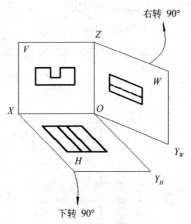

图 1-7 投影面的展开法

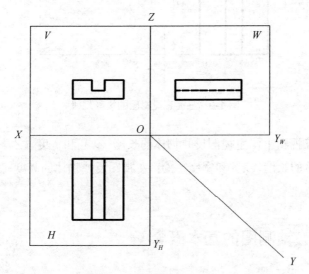

图 1-8 三面投影完全展开

投影名称，原 OX 轴、OZ 轴位置不变，OY 轴则分为 2 条，分别为 OY_H（在 H 面上）和 OY_W（在 W 面上）。如图 1-7、图 1-8 所示。在工程制图中，投影轴一般不画出，但是初学投影作图时需将投影轴保留，用细实线画出。

（4）三视图间的关系

三视图和三面投影的投影规律是一样的，都要遵循三等关系：长对正，高平齐，宽相等（图 1-9）。

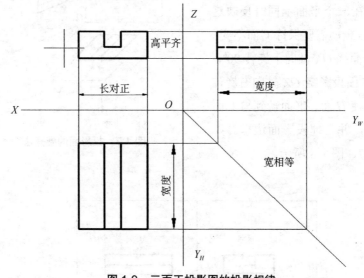

图 1-9　三面正投影图的投影规律

在三视图中，主视图反映物体的长度（X）和宽度（Z）；俯视图反映物体的长度（X）和宽度（Y）；左视图反映物体的高度（Z）和宽度（Y）。

二、轴测图的基本概念

轴测图是采用平行投影的方法，沿不平行于任一坐标面的方向，将物体连同三个坐标轴一起投射到某一投影面上所得的图形。轴测图也叫作轴测投影图。轴测投影图的立体感较强，能把一个形体的长、宽、高同时反映在一个图上（图 1-10、图 1-11）。

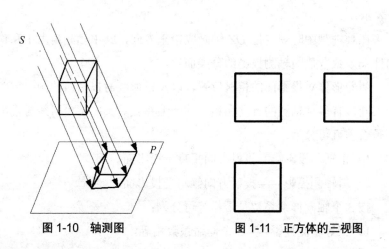

图 1-10　轴测图　　　　　　图 1-11　正方体的三视图

1. 轴测图的相关术语

轴测图必要的 3 个条件为轴测轴；轴间角；轴向伸缩系数。

（1）轴测轴

空间直角坐标轴 OX、OY、OZ 在轴测投影面上的投影 OX_1、OY_1、OZ_1 称为轴测轴（图 1-12）。

（2）轴测角

轴测投影中，任意两轴测轴之间的夹角称为轴测角，图 1-12 中 $\angle X_1OY_1$、$\angle X_1OZ_1$、$\angle Y_1OZ_1$。三个轴间角之和为 360°。

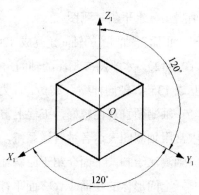

图 1-12　正方体的正等轴测图

（3）轴向伸缩系数

轴测轴上的单位长度与相应的直角坐标轴上对应的单位长度的比值，称为轴向伸缩系数。X、Y、Z 轴的轴向伸缩系数分别用 p_1、q_1、r_1 表示。

在画轴测图时规定把 OZ 轴画成铅垂方向，其中轴测角大小和轴向伸缩系数取值随轴测投影的分类而定。

随着形体对投影面的相对位置，以及投射线对投影面的倾斜方向的不同，有多种轴测的方向和相应的伸缩系数。其中按投射线对投影面是否垂直可分为：

1）正轴测投影——投射方向垂直于投影面。

2）斜轴测投影——投射方向倾斜于投影面。

按 3 个轴向伸缩系数是否相等可分为：

1）三等轴测投影——3 个伸缩系数相等。

2）二等轴测投影——任意两个伸缩系数相等。

2. 正面斜轴测图

根据形体倾斜角度或投射角度的不同，同一形体可画出无数个不同的轴测图，最常用的有正面斜轴测图、正面斜二轴测图、水平斜二轴测图、水平斜轴测图。

正面斜轴测图的轴间角互成 120°，轴向伸缩系数 p_1、q_1、r_1 均为 1（图 1-12）。水平斜二测图的轴间角 $\angle X_1OZ_1$ 成 90°，$\angle X_1OY_1$、$\angle Y_1OZ$ 互成 135°。轴向伸缩系数 p_1、r_1 为 1，q_1 为 1/2，如图 1-13 所示。

轴测图直观性较好，工程上常把它作为辅助图样。在燃气专业图中常用轴测图表达各种管道系统，燃气室内工程系统图应按 45°正面斜轴测法绘制。下面介绍正面斜轴测图的相关知识。

空间形体的正面（XOZ 面平行于轴测投影面时）所得到的斜轴测图称为正面斜轴测图。正面斜轴测图又分为正面斜等轴测图和正面斜二轴测图，$p_1=1$、$q_1=1$、$r_1=1$ 时为正面斜等轴测图，$p_1=1$、$q_1=0.5$、$r_1=1$ 时为正面斜二轴测图（图 1-13）。

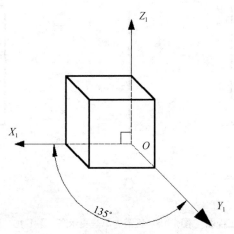

图 1-13　正方体的正面斜二轴测图

第三节　管道工识图

一、单线图和双线图

机械制图中，一根管道可以用三视图中的立面图和平面图表示，如图 1-14～图 1-16 所示。管道工程中，管子可以采用单线图和双线图 2 种方法表示。单线图是用一根粗实线表示管道的图样，由于管道的管径相对于管道的长度来说要小得多，因此可以将管道的壁厚和空心的管腔看作一条线的投影，只用一条粗实线表示管道的位置和走向而不表示其壁厚和管径，由于其简单，在工程实践中应用较多。双线图是用两根粗实线表示管道的形状而不表示其壁厚，中间的轴心线不可省略。

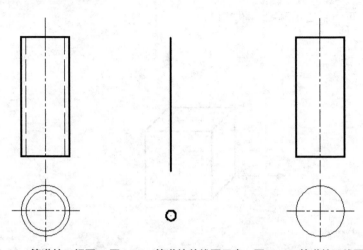

图1-14　管道的三视图　图1-15　管道的单线图示意　图1-16　管道的双线图示意

二、管道工程图的画法

1. 90°弯管的三视图、双线三视图和单线三视图

不同朝向 90°弯管的三视图、双线三视图和单线三视图如图1-17～图 1-19 所示。

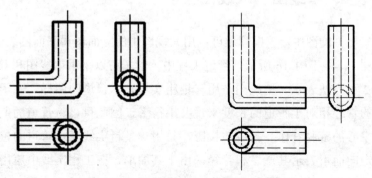

图 1-17　不同朝向 90°弯管的三视图

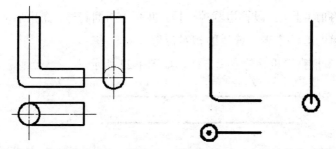

图 1-18　90°弯管的双线三视图　　图 1-19　90°弯管的单线三视图

2. 三通的单线三视图、双线三视图

三通的单线三视图、双线三视图如图 1-20、图 1-21 所示。

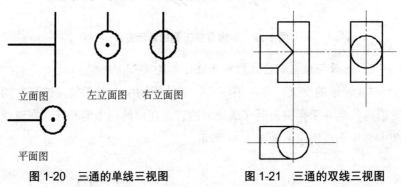

立面图　　　　左立面图　　右立面图

平面图

图 1-20　三通的单线三视图　　　　图 1-21　三通的双线三视图

3. 管道的积聚

根据投影积聚原理，一段直管积聚后的投影用双线图的形式表示就是一个小圆，用单线图的形式表示就是一个点，如图 1-15、图 1-16 所示。

4. 管道的重叠与交叉

直径相同、长度相等的两根或两根以上的管段如果排列相互对齐，其投影完全重合。反映在相同的投影面上，就是一根管子的投影。这种现象就是管道的重叠。在制图中我们采用折断显露的方法，即假设将前（上）一段管道截掉一段，并画上折断符号，露出后（下）面的管道的方法来表达管道的相对位置。

1）多根直管重叠的表示方法，如图 1-22 所示。

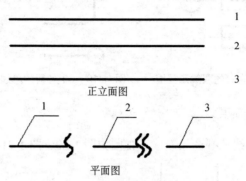

图 1-22　多根直管重叠的表示方法

2）弯管与直管重合，直管在前，如图 1-23 所示。

3）管道的交叉。在两根交叉管道的视图中，对于前（或高）的管道，应当显示完整。后（或低）的管道在单线图中要断开（在双线图中要用虚线表示）如图 1-24 所示。

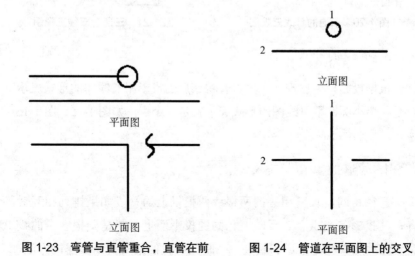

图 1-23　弯管与直管重合，直管在前　　　图 1-24　管道在平面图上的交叉

5. 简单管道轴测图的画法解析

管道轴测图画法基本原则：OZ_1 一般画成垂直位置，OX_1、OY_1 可以互换，坐标轴可以反向延长。

画管道轴测图时，只能在与轴平行的方向上截量长度。

管道一般用单根粗实线绘制。

被挡住的管道要断开。

轴测图中的管道附件用细实线和双点画线表示。

1) 不同水平管道轴测图的绘制，如图 1-25、图 1-26 所示。

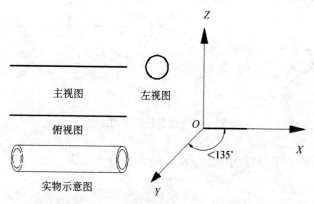

图 1-25 水平管道轴测图的绘制（1）

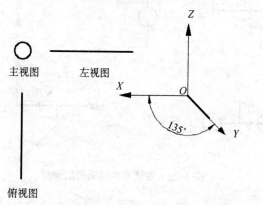

图 1-26 水平管道轴测图的绘制（2）

2）立管轴测图的绘制，如图 1-27 所示。

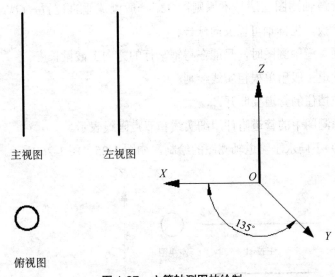

图 1-27　立管轴测图的绘制

3）管道系统轴测图的绘制，如图 1-28 所示。

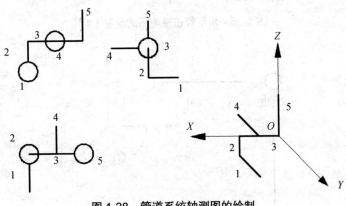

图 1-28　管道系统轴测图的绘制

第四节 建筑识图与户内燃气工程识图

建筑施工图是用来表示建筑物的外部形状、内部布置、内外装饰、细部构造及施工要求等的图纸。它包括施工图首页、总平面图、平面图、立面图、剖面图和详图。结构施工图主要表示建筑物承重结构的布置、承重构件的相关情况等。

设备施工图主要表示建筑物中各种管道、设备和线路的布置、走向以及安装施工要求等。设备施工图可分为燃气工程系统图给水排水施工图、供暖通风与空调施工图、电气施工图等。设备施工图一般包括平面布置图、系统图和详图。

一、建筑施工图的内容

燃气用户安装检修工通过建筑施工图中的平面图了解房屋建筑内的房间分布、厨房的大小及洗菜水池的位置。从设备施工图中的燃气工程系统图中了解厨房中的燃气管路位置及走向，从给水排水施工图中了解整个房屋的给水排水管路布置，还应对电气施工图有初步了解，从而确定燃气用具的安装位置、电源接入和排烟解决方式。下面分别介绍各类施工图的识读方法。

1. 建筑施工图的有关规定

1）用指北针（图1-29）表明建筑物朝向。用风玫瑰图表示风向和风向频率。

2）标高有绝对标高和相对标高之分。绝对标高：我国以青岛附近的黄海平均海平面为零点和基准而设置的标高。相对标高：标高的基准面（±0.000水平面）是根据工程需要而选定的，这种标高称为相

北

图 1-29 指北针

对标高。在一般建筑中，通常取一层室内主要地面作为相对标高的基准面。

3）定位轴线是确定建筑物或构筑物主要承重构件平面位置的重要依据。在施工图中，凡是承重的墙、柱子、大梁、屋架等主要的承重构件，都要画出定位轴线来确定其位置。

定位轴线应用细点画线绘制。定位轴线一般有编号，编号应写在轴线端部的圆内。

2. 建筑平面图

用一个假想的水平面将该房屋的窗台以上部分切除移走，再对切面以下部分进行水平投影，就得到了建筑平面图，平面图主要用于表示房屋内部的分隔、房间的大小等。一般来说房屋有几层就应画几个平面图，最上面一层的平面图叫作顶层平面图，若中间各层平面布置相同，可只画一个平面图表示，称为标准层平面图。

3. 建筑立面图

在与房屋立面平行的投影面上所作出的房屋正投影图，称为建筑立面图。它主要反映建筑物门窗、烟囱、雨水管、台阶等位置。能用标高表示出各楼层的高度等，也能表明建筑物外墙饰面的相关情况。

二、室内燃气管道施工图

1）识读原则。

掌握了相关施工图的绘制方法，识读时，从平面图开始，结合燃气工程系统图，当管道、设备布置较为复杂，系统图不能表示清楚时，宜辅以剖面图进行识读。

对单张图样的识读，可以按照标题栏→文字说明→图样→数据的顺序进行。通过标题栏可以知道图样的名称、比例等；通过文字说明可以知道施工要求和图例的意义；通过图样可知管线的走向、坡度、标高和连接方法等。

对于整套图样的识读，可以按照目录→施工图说明→设备材料表→流程图→平面图、立（剖）面图、系统图→详图的顺序进行。

了解管道、设备、阀门、燃气表等在空间的分布情况及有关施工图中所要求的内容；了解管道、设备、附件与建筑物的关系。通过详图及大样图的识读知道各细部的管道、设备、附件的具体安装要求。

2）根据现行行业标准《燃气工程制图标准》（CJJ/T 130）中 4.2.5 的要求，室内燃气管道施工图的绘制应符合下列规定：

①室内燃气管道施工图应绘制平面图和系统图。当管道、设备布置较为复杂，系统图不能表示清楚时，宜辅以剖面图。

②室内燃气管道平面图应在建筑物的平面施工图、竣工图或实际测绘平面图的基础上绘制。平面图应按直接正投影法绘制。明敷的燃气管道应采用粗实线绘制；墙内暗埋或埋地的燃气管道应采用粗虚线绘制；图中的建筑物应采用细线绘制。

③平面图中应绘出燃气管道、燃气表、调压器、阀门、燃具等。

④平面图中燃气管道的相对位置和管径应标注清楚。

⑤系统图应按 45º 正面斜轴测法绘制。系统图的布图方向应与平面图一致，并应按比例绘制；当局部管道按比例不能表示清楚时，可不按比例绘制。

⑥系统图中应绘出燃气管道、燃气表、调压器、阀门、管件等，并应注明规格。

⑦系统图中应标出室内燃气管道的标高、坡度等。

⑧室内燃气设备、入户管道等处的连接做法，宜绘制大样图。

3）简单室内燃气管道系统图的绘制实例。

先从厨房的一个支管开始绘制（图 1-30、图 1-31），最后再绘制一个单元的平面图和系统图。

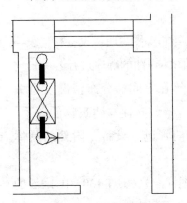
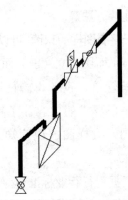

图 1-30　厨房平面图　　　　图 1-31　厨房中燃气设施的系统图

现行行业标准《燃气工程制图标准》（CJJ/T 130）中，指出在绘制系统图时，图中的管线、设备、阀门和管件宜用管道代号和图形符号表示。同一燃气工程图样中所采用的代号、线型和图形符号宜集中列出，并加以注释。室内燃气工程常用的图形符号见表 1-3。

表 1-3　室内燃气工程常用的图形符号

序号	名称	图形符号
1	球阀	
2	电磁阀	
3	活接头	
4	法兰	
5	丝堵	

续表

序号	名称	图形符号
6	螺纹连接	
7	法兰连接	
8	燃气管道	—— G ——
9	管道穿墙	
10	管道穿楼板	
11	固定支座、管架单管固定	
12	皮膜燃气表	
13	燃气热水器	
14	家用燃气双眼灶	
15	可燃气体泄漏探测器	
16	"U"形压力计	U

第二章

户内燃气管道安装

燃气用具安装中用到的管材种类繁多,有燃气管材、热水管材、冷水管材等。燃气管道输送的是易燃、易爆介质,主要采用钢管、铸铁管和塑料管等。室内燃气低压管道宜采用镀锌钢管,室外燃气低压管道一般采用聚乙稀(PE)管、无缝钢管、焊接钢管等。

第一节　基础知识

一、常用材料

1. 钢

现行国家标准《钢分类　第 1 部分:按化学成分分类》(GB/T 13304.1)中钢是指以铁为主要元素,含碳量一般在 2%以下,并含有其他元素的材料。钢按化学成分分为非合金钢、低合金钢、合金钢。

1)非合金钢:按钢的主要质量等级分为普通质量非合金钢、优质非合金钢、特殊质量非合金钢。

①普通质量非合金钢是指不规定生产过程中需要特别控制质量要求的钢。

②优质非合金钢是指在生产过程中需要特别控制质量（如控制晶粒度，降低硫、磷含量，改善表面质量或增加工艺控制等），以达到优质非合金钢特殊的质量要求（如良好的抗脆断性能、良好的冷成型等），但对这种钢的生产控制不如特殊质量非合金钢严格（如不控制淬透性）。

③特殊质量非合金钢是指在生产过程中需要特别严格控制质量和性能（控制淬透性和纯洁度）的非合金钢。

2）低合金钢：按钢的主要质量等级分为普通质量低合金钢、优质低合金钢、特殊质量低合金钢。

①普通质量低合金钢是指不规定生产过程中需要特别控制质量要求的，供一般用途使用的低合金钢。

②优质低合金钢是指在生产过程中需要特别控制质量（如降低硫、磷含量，控制晶粒度，改善表面质量或增加工艺控制等），以达到优质低合金钢特殊的质量要求（如良好的抗脆断性能、良好的冷成型等），但对这种钢的生产控制和质量要求不如特殊质量低合金钢严格。

③特殊质量低合金钢是指在生产过程中需要特别严格控制质量和性能（特别是严格控制硫、磷等杂质含量和纯洁度）的低合金钢。

3）合金钢按主要质量等级分为优质合金钢和特殊质量合金钢。

①优质合金钢是指在生产过程中需要特别控制质量和性能（如韧性、晶粒度或成型性）的钢，但对这种钢的生产控制和质量要求不如特殊质量合金钢严格。

②特殊质量合金钢是指需要严格控制化学成分和特定的制造及工艺条件，以保证改善综合性能，并使性能严格控制在极限范围内。

上文提到钢中的含碳量一般在2%以下，含碳量在2%以上的铁、碳合金称为铸铁。钢和铸铁也称为钢铁材料或黑色金属。除黑色金属外，工业生产中也常用到有色金属材料，有色金属包括铝、铜、铅、镁、锌、镍及其合金等。

钢和铸铁中除含有铁和碳外，还含有硅、锰、硫、磷、氧和氮等。在生产过程中根据需要添加了合金元素如铬、锰、镍等，这些钢和铸铁称为合金钢或合金铸铁。

钢中碳的含量对钢的性质有决定性影响。含碳量低的钢材，强度低，但塑性大、冲击韧性高、质地软，易于冷加工、切削和焊接。含碳量高的钢材强度高（含碳量超过1%时钢材强度开始下降）、塑性小、硬度大、脆性大，不易加工。

硫、磷为钢材中的有害元素，硫使钢材的强度和韧性降低而产生热脆性；磷降低了钢的塑性和韧性，产生冷脆性。适量的硅、锰元素可以使钢材的强度、硬度增加，而塑性和韧性不会显著降低。

2. 铜

铜的导热性、导电性很好，有抗磁性，电极电位较高，化学稳定性好。铜的强度较高，塑性很好，在低温下，铜的塑性和抗冲击韧性良好。纯铜（紫铜）强度低，不宜用作结构材料，铸造性能也较差，因而常添加一些合金元素来改善这些性能。不少铜合金的耐蚀性也比纯铜好。热水器中的热交换器组件用紫铜制造，就是充分利用了它的导热性能。

黄铜是铜锌合金。黄铜的力学性能和压力加工性能好。为了改善黄铜的性能，有些黄铜除添加锌外，还加入了锡、铝、镍等合金元素，称为特种黄铜。如灶具中的气阀阀芯、灶具和热水器的喷嘴、热水器的冷热水接头等都用黄铜制造，铜管还用来制造燃气灶具的输气管。

青铜是铜与锡、铝、锰及其他元素所形成的一系列合金，用的最多的是锡青铜。锡青铜的力学性能、耐磨性、铸造性及耐蚀性良好，是中国历史上最早使用的金属材料之一。

二、常用管材

1. 钢管

在燃气工程中使用较多的是钢管，包括焊接钢管（有缝钢管）和无缝钢管。

（1）焊接钢管

焊接钢管又分为低压流体输送用焊接钢管和螺旋缝电焊钢管、直缝电焊钢管。

低压流体输送用焊接钢管是由扁钢坯卷成管形并沿缝焊接而成的。因为它常用来输送水和煤气，故俗称水煤气管，又称黑铁管。黑铁管镀锌后，则称为镀锌钢管。

螺旋缝电焊钢管是将钢带螺旋卷制后焊接而成，其优点是生产效率高，可用较窄的钢带生产大口径管道，并且具有较高的承压能力。

直缝电焊钢管用中厚钢板直缝卷制，以电弧焊方法焊接而成。

（2）无缝钢管

无缝钢管通常用普通碳素结构钢、优质碳素结构钢及合金结构钢制成，分为冷拔（冷轧）和热轧 2 种。在燃气管道工程中，外径小于等于 57 mm 时，一般采用冷轧无缝钢管。无缝钢管有强度高、耐压高、韧性好、容易加工的优点，缺点是价格高、易锈蚀、使用寿命短。

2. 不锈钢钢管

不锈钢是铁基合金中铬含量（质量分数）大于等于 13%的一类钢的总称。不锈钢钢管是一种中空的长条圆形钢材，主要广泛用于石油、化工、医疗、食品、轻工、机械仪表等工业输送管道以及机械结构部件等。另外，在折弯、抗扭强度相同时，重量较轻，所以也广泛用于制造机械零件和工程结构。

3. 塑料管

塑料是以有机合成树脂为主要原料，再加入各种助剂和填料组成的一种可塑制成型的材料。

塑料的优点：密度小、有优异的电绝缘性、耐腐蚀性能优良、有良好的成型加工性等。塑料的缺点：不耐高温、强度低、易变形、热膨胀系数大、导热性能差、易自燃老化等。

所以有些塑料管道中规定应设置阻火圈，如高层建筑中明设排水塑料管道应按设计要求设置阻火圈或防火套管。

适用于燃气工程的塑料管有高中密度的聚乙烯（PE）管和聚酰胺（PA）管 2 种，聚酰胺管俗称尼龙管。聚乙烯管应用最广泛。

PE 管的特点：使用寿命长，经济效益显著，PE400 以下的聚乙烯管与钢管相比，虽主材费用较高，但安装费和运行费均较低。内壁光滑，柔韧性好，小直径管材可以盘管成卷，便于运输，在施工过程中可一根整管敷设或蛇形敷设绕过障碍物，显著减少管道中接头的数量。连接方便，管道连接可采用电熔连接或热熔对接连接，但不得采用螺纹连接或黏结。聚乙烯管道与金属管道连接，需采用钢塑过渡接头连接。耐腐蚀性好。

聚乙烯燃气管的尺寸根据外径与壁厚的比值（SDR）来确定。普通管 SDR=17.6，工作压力 PN≤0.2 MPa；加厚管 SDR=11，工作压力 PN≤0.4 MPa。SDR 17.6 系列宜用于输送天然气。输送不同种类燃气的最大允许工作压力不同，在不同的温度下，PE 管最大允许工作压力也不同；聚乙烯燃气管道 SDR 11 系列宜用于输送人工燃气、天然气、液化石油气。

PA-11 燃气管道具有强度高、耐化学腐蚀、使用温度范围大（-20～70℃）等优点。它适用于输送各种燃气，这种管道采用管件和专用黏结剂连接，操作简单，溶剂渗入管材和管件接触面并溶解表面，然后蒸发，从而产生永久的高强度的密闭化学接口。

还有用于冷热水管的聚丙烯（PP-R）。它输送的最高水温可达120℃。

聚丙烯管的刚度、强度和弹性等机械性能均优于聚乙烯管。聚丙烯具有质量轻、不吸水，介电性、化学稳定性和耐热性良好的优点，如果无外力作用，温度达到150℃不变形。但是耐光性差，容易老化，低温韧性和染色性能不好。

聚丙烯管材无毒、价廉，但抗冲击性差。通过共聚合的方法对聚丙烯改性，可以提高管材的抗冲击等性能。PP-R 管是第三代改型聚丙烯管。PP-R 管是最轻的热塑性塑料管。相对于聚氯乙烯管、聚乙烯管来说，PP-R 管具有较高的强度，较高的耐热性。另外 PP-R 管无毒、耐化学腐蚀，在常温下无任何溶剂能溶解，目前被广泛应用于冷热水供应管道中。但其低温脆化温度仅为-15～0℃，在北方寒冷的环境下，其应用受到一定限制。PP-R 管每段长度有限，且不能弯曲施工。

4. 铝塑复合管

铝塑复合管内层和外层为特种高密度聚乙烯，中间层为铝合金层，经氩弧焊对接而成，各层再用特种胶黏合，称为复合管材。

钢塑复合管是采用热胀工艺在热镀锌焊接管内衬硬聚氯乙烯、聚乙烯、交联聚乙烯、聚丙烯等塑料制成的，并借胶圈或厌氧密封胶止水防腐，与衬塑可锻铸铁管件、涂（衬）塑管件配套使用。

铝塑复合管同时具备金属管和塑料管的优点，具有易弯曲、不回弹的特性，管道易弯曲定形，施工方便，只允许用作室内低压燃气管道。其主要缺点：防火、防机械性能较差，对紫外线较敏感，一次成型后移动易出现密封不严。

三、工程划分原则

建设项目的组成内容和层次不同，按照分解管理的需要从大至小依次可分为建设项目、单项工程、单位工程、分部工程和分项工程。

建设项目是指按一个总体规划或设计进行建设的，由一个或若干个互有内在联系的单项工程组成的工程总和。例如，一个学校的建设。

单项工程是指具有独立的设计文件，建成后能够独立发挥生产或使用功能的工程项目。例如，学校的一座教学楼。

单位工程是指具有独立的设计文件，能够独立组织施工，但不能独立发挥生产或使用功能的工程项目。例如，学校教学楼的安装工程。

分部工程是单位工程的组成部分，是按结构部位、路段长度及施工特点或施工任务将单位工程划分为若干个项目单元。例如，某小区的燃气工程。

分项工程是分部工程的组成部分，是按不同施工方法、材料、工序及路段长度等将分部工程划分为若干个项目单元。例如，室内燃气管道的支架安装。

燃气室内工程验收单元可按单位（子单位）工程、分部（子分部）工程、分项工程进行划分。分部（子分部）、分项工程的划分可按下列方式［参照现行行业标准《城镇燃气室内工程施工与质量验收规范》（CJJ 94）］进行划分，分部（子分部）工程有引入管安装、室内燃气管道安装、设备安装、电气系统安装。

引入管安装下的分项工程：管道沟槽、管道连接、管道防腐、沟槽回填、管道设施防护、阴极保护系统安装与测试、调压装置安装。

室内燃气管道安装下的分项工程：管道及管道附件安装、暗埋或暗封管道及其管道附件安装、支架安装、计量装置安装。

设备安装下的分项工程：用气设备安装、通风设备安装。

电气系统安装下的分项工程：报警系统安装、接地系统安装、防爆电气系统安装、自动控制系统安装。

第二节　常用管材及管件的选用

由于管材的种类很多，性能也都不同，因此它们适用的场所也是不同的。燃气管道设计、施工时要根据燃气介质的参数和种类正确选用管材。

一、钢管

室内燃气低压燃气管道宜选用钢管，也可选用铜管、不锈钢管、铝塑复合管和连接用软管，并应分别符合以下规定。

1. 钢管的选用

钢管的选用应符合下列规定。

1）低压燃气管道应选用热镀锌钢管（热浸镀锌），其质量应符合现行国家标准《低压流体输送用焊接钢管》（GB/T 3091）的规定。

2）中压和次高压燃气管道宜选用无缝钢管，其质量应符合现行国家标准《输送流体用无缝钢管》（GB/T 8163）的规定；燃气管道的压力小于或等于 0.4 MPa 时，可选用第 1）项规定的焊接钢管。

2. 钢管的壁厚

钢管的壁厚应符合下列规定。

1）选用符合现行国家标准《低压流体输送用焊接钢管》（GB/T 3091）的焊接钢管用于低压燃气管道时宜采用普通钢管，用于中压燃气管道时宜采用加厚钢管。

2）选用无缝钢管时，其壁厚不得小于 3 mm，用于引入管时不得小于 3.5 mm。

3）当高层建筑沿外墙架设的燃气管道和屋面上的燃气管道不在避雷保护范围内，采用无缝钢管或焊接钢管时，其管道壁厚不得小于 4 mm。

4）当适用的相关标准、规范之间发生条款冲突时，应按最新标准或上位法的标准执行。

钢质管道最小公称壁厚见表 2-1。

表 2-1　钢质管道最小公称壁厚　　　　　　单位：mm

钢管公称直径（DN）	最小公称壁厚
DN100～DN150	4.0
DN200～DN300	4.8
DN350～DN450	5.2
DN500～DN550	6.4
DN600～DN700	7.1
DN750～DN900	7.9
DN950～DN1 000	8.7
DN1 050	9.5

3. 钢管的连接

钢管使用螺纹连接时应符合下列规定。

1）室内低压燃气管道（地下室、半地下室等部位除外）、室外压力小于或等于 0.2 MPa 的燃气管道，可采用螺纹连接。管道的公称直径大于 DN100 时不宜选用螺纹连接。

2）管件的选择应该符合下列要求：

①管道公称压力 PN≤0.01 MPa 时，可选用可锻铸铁螺纹管件。

②管道公称压力 PN≤0.2 MPa 时，应选用钢或铜合金螺纹管件。

③管道公称压力 PN≤0.2 MPa 时，应选用现行国家标准《55°密

封管螺纹 第 2 部分：圆锥内螺纹与圆锥外螺纹》（GB/T 7306.2）规定的螺纹连接；

④管件的密封填料，宜采用聚四氟乙烯生料带、尼龙密封绳等性能良好的填料。

4. 钢管焊接或法兰连接

钢管焊接或法兰连接可用于中低压燃气管道（阀门、仪表处除外），并应符合有关标准的规定。

二、铜管

当室内燃气管道选用铜管时应符合下列规定。

1）铜管的质量应符合现行国家标准《无缝铜水管和铜气管》（GB/T 18033）的规定。

2）铜管应采用硬钎焊连接，宜采用不低于 1.8% 的银（铜-磷基）焊料（低银铜磷钎料）。铜管接头和焊接工艺可按现行国家标准《铜管接头 第 1 部分：钎焊式管件》（GB/T 11618.1）的规定执行。铜管不得采用对焊、螺纹或软钎焊（熔点小于 500℃）连接。

3）埋入建筑物地板和墙中的铜管应是覆塑铜管或带有专用涂层的铜管，其质量应符合有关标准的规定。

4）燃气中硫化氢含量小于或等于 7 mg/m³ 时，中低压燃气管道可采用现行国家标准《无缝铜水管和铜气管》（GB/T 18033）中表 2 规定的 A 型管或 B 型管。

5）燃气中硫化氢含量大于 7 mg/m³ 而小于 20 mg/m³ 时，中压燃气管道应选用带耐腐蚀内衬的铜管；无耐腐蚀内衬的铜管只允许在室内的低压燃气管道中采用；铜管的类型可按照现行国家标准《无缝铜水管和铜气管》（GB/T 18033）中的规定执行。

6）铜管必须有防外部损坏的保护措施。

三、不锈钢管

当室内燃气管道选用不锈钢管时应符合下列规定。

1. 薄壁不锈钢管

1）薄壁不锈钢管的壁厚不得小于 0.6 mm（DN15 及以上），其质量应符合现行国家标准《流体输送用不锈钢焊接钢管》（GB/T 12771）的规定。

2）薄壁不锈钢管应采用承插氩弧焊式管件连接或卡套式管件机械连接，宜优先选用承插氩弧焊式管件连接。承插氩弧焊式管件和卡套式管件应符合有关标准的规定。

2. 不锈钢波纹管

1）不锈钢波纹管的壁厚不得小于 0.2 mm，其质量应符合现行行业标准《燃气用具连接用不锈钢波纹软管》（CJ/T 197）的规定。

2）不锈钢波纹管应采用卡套式管件机械连接，卡套式管件应符合有关标准的规定。

3. 保护措施

薄壁不锈钢管和不锈钢波纹管必须有防外部损坏的保护措施。

四、铝塑复合管

室内燃气管道选用铝塑复合管时应符合下列规定。

1）铝塑复合管的质量应符合现行国家标准《铝塑复合压力管 第 1 部分：铝管搭接焊式铝塑管》（GB/T 18997.1）或《铝塑复合压力管　第 2 部分：铝管对接焊式铝塑管》（GB/T 18997.2）的规定。

2）铝塑复合管应采用卡套式管件或承插式管件机械连接，承插式管件应符合现行行业标准《承插式管接头》（CJ/T 110）的规定，卡套式管件应符合现行行业标准《卡套式铜制管接头》（CJ/T 111）和《铝塑复合管用卡压式管件》（CJ/T 190）的规定。

3）铝塑复合管安装时必须对铝塑复合管材进行防机械损伤、防紫外线（UV）伤害及防热保护，并应符合下列规定。

①环境温度不应高于 60℃；

②工作压力应小于 10 kPa；

③在室内的计量装置（燃气表）后安装。

五、软管

当室内燃气管道选用软管时应符合下列规定。

1）燃气用具连接部位、实验室用具或移动式用具等处可采用软管连接。

2）中压燃气管道上应采用符合现行国家标准《波纹金属软管通用技术条件》（GB/T 14525）、《在 2.5MPa 及以下压力输送液态或气态液化石油气（LPG）和天然气的橡胶软管及软管组合件　规范》（GB/T 10546）或同等性能以上的软管。

3）软管最高允许工作压力不应小于管道设计压力的 4 倍。

4）软管与家用燃具连接时，其长度不应超过 2 m，并不得有接口。

5）软管与移动式的工业燃具连接时，其长度不应超过 30 m，接口不应超过 2 个。

6）软管与管道、燃具的连接处应采用压紧螺帽（锁母）或管卡（喉箍）固定。在软管的上游与硬管的连接处应设阀门。

7）橡胶软管不得直接穿过墙、顶棚、地面、窗和门。

8）当家庭用户管道或液化石油气瓶调压器与燃具采用软管连接时，应采用专用燃具连接软管。软管的使用年限不应低于燃具的判废年限。

六、管件的选用

1. 弯头

（1）弯头的概念及用途

在管路系统中，弯头是改变管路方向的管件。按角度，有 45°、90°、180° 3 种最常用的弯头，另外根据工程需要还包括 60°等非正常角度的弯头。

（2）弯头的分类

1）按照材质划分，可分为碳钢弯头、铸钢弯头、合金钢弯头、不锈钢弯头、铜弯头、铝合金弯头、塑料弯头、氩硌沥弯头、PVC 弯头、PP-R 弯头等。

2）按照制作方法划分，可分为推制弯头、压制弯头、锻制弯头、铸造弯头等。

3）按照制造标准划分，可分为国标弯头、电标弯头、水标弯头、美标弯头、德标弯头、日标弯头、俄标弯头等。

4）按照不同形状用途可以分为沟槽式弯头、卡套式弯头、双承弯头、法兰弯头、异径弯头、呆座弯头、内外牙弯头、冲压弯头、推制弯头、承插弯头、对焊弯头、内丝弯头等。

2. 三通

（1）三通的概念及用途

三通为管件、管道连接件，又叫管件三通或三通管件，三通主要用于改变流体方向，用在主管道需要分支处。

三通是指具有三个口子，即一个进口、两个出口，或两个进口、一个出口的一种化工管件，有"T"形与"Y"形，有等径管口，也有异径管口，用于三条相同或不同管路会集处。三通的主要作用是改变流体方向。

（2）三通的分类

1）按照管径尺寸划分，可分为等径的三通和异径的三通，等径的三通接管端部均为相同的尺寸；异径的三通的主管接管尺寸相同，而支管的接管尺寸小于主管的接管尺寸。

2）按照工艺划分，可分为液压胀形及热压成型。

3）按照材质划分，可分为碳钢三通、铸钢三通、合金钢三通、不锈钢三通、铜三通、铝合金三通、塑料三通、氯硌沥三通、PVC 三通等。

4）按照制作方法划分，可分为顶制三通、压制三通、锻制三通、铸造三通等。

5）按照制造标准划分，可分为国标三通、电标三通、化标三通、水标三通、美标三通、德标三通、日标三通、俄标三通等。

3. 弯头和三通的选用

1）根据管道口径选用相匹配的弯头和三通。

2）根据管道材质选用相匹配的弯头和三通。

3）根据管道压力选择弯头的壁厚。

4）根据需要改变管道的角度，选择需要的弯头角度。一般常用的是 90°。

5）根据流速、压力、空间，选择所需弯头的曲率半径。

第三节　常用工器具

一、手工具

所谓手工具，也称手动工具，其相对于电动工具而言。主要是借助于手来拧动或施力于工具。管道施工过程中，除必须配一般机械安装钳工的工具外，还需有管工常用的管钳、管子钳、管子铰板、扳手等一些管工常用机具等。

1. 扳手

扳手是一种常用的安装与拆卸工具。是利用杠杆原理拧转螺栓、螺钉、螺母的手工工具。扳手通常用碳素结构钢或合金结构钢制造（作用：用来旋紧或旋松六角、四角等头部带棱的螺栓或螺母，所以此类工具也称为旋转类手工工具）。

1）普通呆扳手：普通呆扳手又叫呆扳手，一端或两端制有固定尺寸的开口，用以拧转一定尺寸的螺母或螺栓（图 2-1）。

2）梅花扳手：两端具有带六角孔或十二角孔的工作端，适用于工作空间狭小、不能使用呆扳手的场合（图 2-2）。

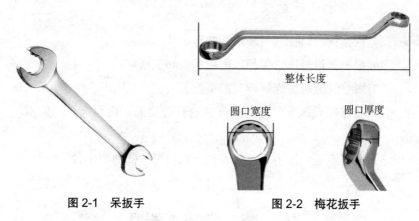

图 2-1　呆扳手　　　　　　　图 2-2　梅花扳手

3）两用扳手：一端与呆扳手相同，另一端与梅花扳手相同，两端拧转相同规格的螺栓或螺母（图 2-3）。

4）活扳手：活扳手又叫活络扳手，其开口宽度可以调节，能扳一定尺寸范围内的螺栓或螺母。活动扳手是用来紧固和拧松螺母的一种专用工具（图 2-4）。

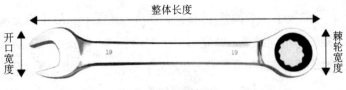

图 2-3　两用扳手

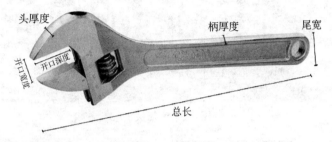

图 2-4　活扳手

活扳手由头部和柄部组成，头部则由活络扳唇、呆扳唇、扳口、蜗轮和轴销等构成。旋动蜗轮就可调节扳口的大小。

活扳手的使用注意事项如下：

①活扳手不可反用，以免损坏活动扳唇，也不可用钢管接长手柄来施加较大的力矩（图 2-5）。

②活扳手不可当作撬棒或手锤使用。

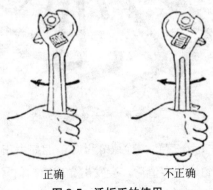

正确　　　　　　不正确

图 2-5　活扳手的使用

5）套筒扳手：套筒扳手由多个带六角孔或十二角孔的套筒及其手柄、接杆等附件组成，特别适用于拧转空间十分狭小或凹陷很深处的螺栓或螺母（图 2-6）。

图 2-6　套筒扳手

6）内六角扳手：呈 "L" 形的六角棒状扳手，专用于拧转内六角螺钉。内六角扳手的型号是按照六方的对边尺寸来定的，螺栓的尺寸可参照现行国家标准。用途：专供紧固或拆卸机床、车辆、机械设备上的圆螺母用（图 2-7）。

图 2-7　内六角扳手

7）扭力扳手：在拧转螺栓或螺母时，能显示出所施加的扭矩，或当施加的扭矩到达规定值后，会发出光或声响信号。扭力扳手适用于对扭矩大小有明确规定的装配场合（图 2-8）。

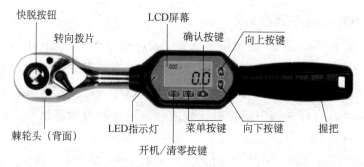

快脱按钮
转向拨片
LCD屏幕
确认按键
向上按键
棘轮头（背面）
LED指示灯
菜单按键
向下按键
握把
开机/清零按键

图2-8　扭力扳手

8）棘轮扳手：是一种手动螺丝松紧工具，是汽修师傅最常用的汽车保养工具之一。活动扳柄可以方便地调整扳手使用角度。这种扳手用于螺丝的松紧操作，具有适用性强、使用方便的特点（图2-9）。

图2-9　棘轮扳手

9）扳手的使用要求：

①不得有生锈、毛刺、裂纹和斑点等。

②扳口对称，激光刻字要清楚。

③活扳手的蜗轮运作要灵活，销轴不能松动。

④根据被旋工件的大小选择合适的扳手。当工件不能被旋动时，绝对不能更换过大的扳手或加长扳手手柄进行操作，而应选用松动剂或采用水喷淋的方法，减小螺母与螺栓间的摩擦力。

⑤在使用活扳手扳动大螺母时，必须使用比较大的力矩，且手

最好握在靠近柄尾的地方。

⑥卡位要准确，固定钳口承受主力，用力方向应向怀中。

⑦在使用活扳手扳动比较小的螺母时，不需要太大的力矩，但是由于螺母太小且容易出现打滑，所以手最好握在活扳手靠近头部处，这样在调节蜗轮时比较方便，同时能收紧活络扳唇以免出现打滑。

⑧活扳手有属于自己的功能，千万不能当作撬棒和手锤来使用。

2. 钳子

钳子是一种用于夹持、固定加工工件或扭转、弯曲、剪断金属丝线的手工工具（图 2-10）。钳子的外形呈"V"形，通常包括手柄、钳腮和钳嘴 3 个部分。

钳嘴的形式很多，常见的有尖嘴、平嘴（钢丝钳、大力钳、水泵钳等）、扁嘴、圆嘴（挡圈钳）、弯嘴等样式，可适应于不同形状工件的作业需要。按其主要功能和使用性质，钳子可分为钢丝钳、尖嘴钳、管钳等。

（1）钢丝钳

钢丝钳是用于夹持或弯折金属薄片、细圆柱形零件，切断细金属丝的工具。钢丝钳由钳头和钳柄组成，钳头包括钳口、齿口、刀口和铡口。

钳头各部位的作用：

1）齿口可用来紧固或拧松螺母。

2）刀口可用来剖切软电线的橡皮或塑料绝缘层，也可用来剪切电线、铁丝、钢丝。

3）铡口可以用来切断电线、钢丝等较硬的金属线。

钳子的绝缘塑料管耐压 500 V 以上，可以带电剪切电线。使用中切忌乱扔，以免损坏绝缘塑料管。

（2）尖嘴钳

尖嘴钳又叫修口钳，主要用来剪切线径较细的单股与多股线，以及给单股导线接头弯圈、剥塑料绝缘层等，它也是电工（尤其是内线电工）常用的工具之一。尖嘴钳由尖头、刀口和钳柄组成。尖嘴钳由于头部较尖，适用于狭小空间的操作（图 2-11）。

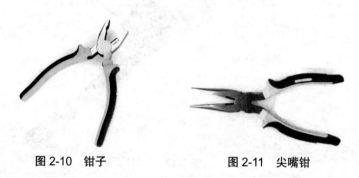

图 2-10　钳子　　　　　　　　　图 2-11　尖嘴钳

（3）管钳

管钳又称管子钳、管子扳手，用于紧固或拆卸各种管子、管路附件或圆形零件，为管路安装和修理常用的工具之一。另有铝合金制造，其特点是重量轻，使用轻便，不易生锈。

管钳的结构如图 2-12 所示。

操作方法：一手扶活动钳头，一手抓住手柄（尽量使用手柄的全长），将管钳的钳牙咬在管子上（角度不宜过大，45°以下为宜），待咬紧后，用手掌下压。当手柄压到一定角度后，抬起手柄，扶钳头的手及时松开，重复旋转。

管钳使用注意事项：

1）要选择合适的规格；

2）钳头开口要等于工件的直径；

3）钳头要卡紧工件后再用力扳，防止打滑伤人；

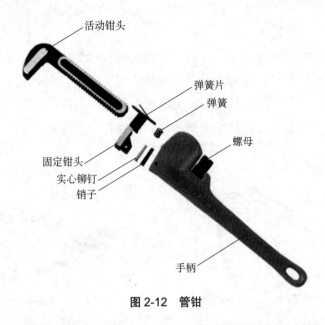

活动钳头

弹簧片
弹簧

螺母

固定钳头
实心铆钉
销子

手柄

图 2-12　管钳

4）用加力杆时长度要适当，不能用力过猛或超过管钳允许强度；

5）管钳牙和调节环要保持清洁。

3. 螺丝刀

螺丝刀是旋转类手工工具，是用来拧转头部带凹槽的螺丝钉的一种工具。有些地方叫"改锥""起子""改刀""旋凿"等（图 2-17）。

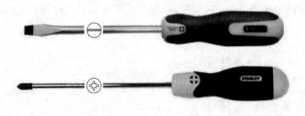

图 2-17　螺丝刀

（1）螺丝刀的分类

从其结构形状来说，通常有直形、"L"形。按刀头形状分，最常见的有"一"字形、"十"字形。当然还有其他类型的如"米"字形、"梅花"形、"H"形等。"L"形螺丝刀对于维修作业来说是极为方便的,它可以在空间狭小的地方操作。

按握柄材料分,常用的有木柄、塑柄和胶柄等。

螺丝刀的表示方法:一字螺丝刀的型号表示为刀头宽度×刀杆长度。例如 2 mm×75 mm,则表示刀头宽度为 2 mm,杆长为 75 mm(非全长)。十字螺丝刀 PH2(2#)×75 mm 表示刀头为 2 号,金属杆长为 75 mm。

(2)常用螺丝刀的使用方法

1)短螺丝刀的使用:短螺丝刀多用于松紧电气装置接线桩上的小螺钉,使用时可用大拇指和中指夹住握柄,用食指顶住握柄的末端捻旋。

2)长螺丝刀的使用:长螺丝刀多用来松紧较大的螺钉。使用时,除大拇指、食指和中指夹住握柄外,手掌还要顶住握柄的末端,这样可以防止旋转时滑脱。

3)较长螺丝刀的使用:可用右手压紧并转动握柄,左手握住螺丝刀的中间,不得放在螺丝刀的周围,以防刀头滑脱将手划伤。

(3)使用时的注意事项

1)使用时应检查螺丝刀握柄有无破损、油污刀头有无磨损变形等情况。

2)选择与螺钉槽相同且大小规格相同的螺丝刀。

3)切勿将螺丝刀当作錾子使用,以免损坏螺丝刀握柄或刀头(贯通形可以当錾子使用,但不能用在有电的场合)。

4)不能将螺丝刀用作撬杠使用。

5)将工件固定到一个安全可靠的位置进行操作,防止划伤手部。

4. 手锤

手锤是击打类手工工具。它由锤头、木柄2个部分组成。根据锤头的重量可分为0.25 kg、0.5 kg、1 kg等［英制有0.5 lb（磅）、1 lb（磅）、1.5 lb（磅）等］。锤头用T7钢制成，并经淬硬处理。锤柄选用坚硬的木材，如用胡桃木、檀木等，其长度应根据不同规格的锤头选用，如0.5 kg的锤子柄长一般为35 cm。木柄安装在锤头孔中。孔做成椭圆形，两端大中间小，木柄敲紧在孔中后，端部再打入楔子就不易松动了（图2-18）。

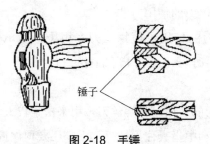

图2-18　手锤

手锤的种类较多，有八角锤、圆头锤、钳工锤、羊角钳、橡胶锤、铜锤、木锤等。一般分为硬头手锤和软头手锤2种。硬头手锤用碳素工具钢T7制成。软头手锤的锤头是用铅、铜、硬木、牛皮或橡皮制成的，多用于装配和矫正工作（图2-19）。

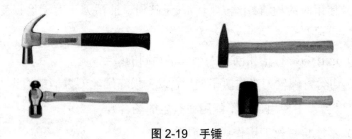

图2-19　手锤

注：1 lb（磅）≈ 0.453 kg。

握锤的方法有紧握法和松握法 2 种。紧握法适用于敲打力度小的场合，具体的操作方法是用右手五指紧握锤柄，大拇指压在食指上，虎口对准锤头方向（木柄椭圆的长轴方向），锤柄尾端露出 15～30 mm（图 2-20）。在挥锤和锤击过程中，五指应始终紧握。

而松握法则应用于敲打力度较大的场合，具体的操作方法是用大拇指和食指始终握紧锤柄。在挥锤时，小指、无名指、中指依次放松；在锤击时，又以相反的次序收拢握紧。这种握法的优点是手不易疲劳，且锤击力大。无论是哪种握法锤尾都要露出 15～30 mm，防止在敲打的过程中手锤脱离（图 2-21）。

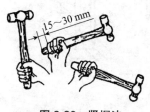 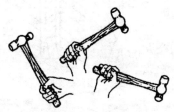

图 2-20 紧握法　　　　　图 2-21 松握法

5. 手锯

手锯为切割用手工工具，由锯弓和锯条 2 个部分组成。

1）锯弓分为可调式锯弓和固定式锯弓 2 种（图 2-22）。

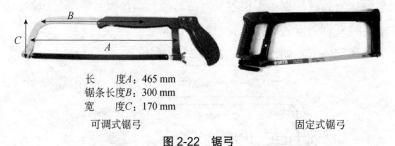

长　　度A：465 mm
锯条长度B：300 mm
宽　　度C：170 mm

可调式锯弓　　　　　　　　　　固定式锯弓

图 2-22 锯弓

2）锯条的长度：以两端安装孔的中心距来测量，一般长度为150～400 mm，钳工常用的锯条长度为 300 mm。

3）锯路：作业时将锯条上的锯齿按一定规律左右错开排列成一定的形状称为锯路。锯路有交叉形、波浪形等（图 2-23）。锯条有了锯路，工件的锯缝宽度会大于锯条背部的厚度，锯条便不会被锯缝咬住，减小了锯条与锯缝的摩擦阻力，锯条不致因摩擦过热而加快磨损。

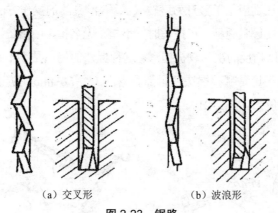

（a）交叉形　　　　　　（b）波浪形

图 2-23　锯路

4）手锯的安装：

①手锯是在向前推进时进行切削的，所以安装锯条时要保证齿尖向前。

②安装锯条时其紧松也要适当，安装过紧锯条受力大，锯条很容易崩断；安装过松锯条不但容易弯曲造成折断，而且锯缝易歪斜。

③检查锯条安装的是否歪斜、扭曲。

锯条安装方式如图 2-24、图 2-25 所示。

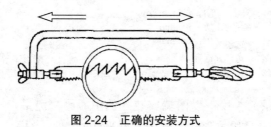

图 2-24　正确的安装方式

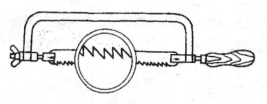

图 2-25　错误的安装方式

④锯削方法：锯弓的运动方式有 2 种，一种是直线往复运动，此方法适用于锯缝底面要求平直的槽子和薄型工件。另一种是摆动式，锯弓两端可自然上下摆动，减小切削阻力，提高工作效率（图 2-26～图 2-29）。

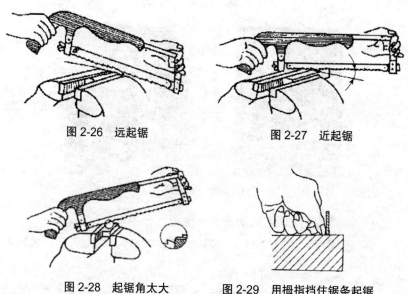

图 2-26　远起锯　　　　　　图 2-27　近起锯

图 2-28　起锯角太大　　　图 2-29　用拇指挡住锯条起锯

锯削硬材料时，压力应该大些；锯削软材料时，压力应小些。向前推锯时，对手锯要加压力；向后拉时，不但不要加压力，还应把手锯微微抬起，以减少锯齿的磨损。每当锯削快结束时，压力应减小。锯削速度以每分钟往复 20～40 次为宜。锯削软材料的速度可快些，锯削硬材料时速度应慢些。锯削时，应使锯条全部长度都参加锯削，但不要碰撞到锯弓架的两端，锯削时一般往复长度不应小于锯条长度的2/3。

6. 试电笔

试电笔也叫测电笔，简称"电笔"，是一种电工工具，用来测试电线中是否带电。笔体中装有一氖泡，测试时如果氖泡发光，则说明导线有电或为通路的火线。试电笔中笔尖、笔尾为金属材料制成，笔杆为绝缘材料制成。使用试电笔时，一定要用手触及试电笔尾端的金属部分，否则会因带电体、试电笔、人体与大地没有形成回路，试电笔中的氖泡不发光，造成误判，认为带电体不带电（图2-30）。

图2-30　试电笔

1）按照测量电压的高低划分试电笔可分为以下几种：

高压测电笔：用于10 kV及以上项目作业时，为电工的日常检测用具。

低压测电笔：用于线电压500 V及以下项目的带电体检测。

弱电测电笔：用于电子产品的测试，一般测试电压为6～24 V。为了便于使用，电笔尾部常带有一根带夹子的引出导线。

2）按照接触方式划分试电笔可分为以下几种：

接触式试电笔：通过接触带电体，获得电信号的检测工具。通常形状有一字螺丝刀式（兼试电笔和一字螺丝刀用）；钢笔式，直接在液晶窗口显示测量数据。

　　感应式试电笔：采用感应式测试，无须物理接触，可检查控制线、导体和插座上的电压或沿导线检查断路位置，可以极大限度地保障检测人员的人身安全。

二、常用的量具和仪器

1. 插座检测仪

　　插座检测仪的主要功能是检测相线、零线、地线是否接错和是否有电。根据 3 个指示灯亮暗位置进行判断，生产厂家不同，其指示灯亮暗编码不同。

　　图 2-31 为一种插座检测仪实物图，可以根据表内标注的指示灯编码进行判别，经验证使用效果较好、操作方便。

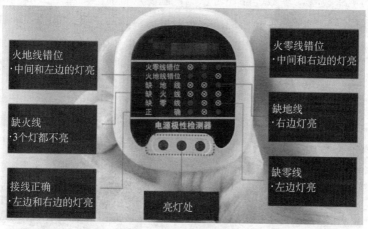

图 2-31　插座检测仪

2. 万用电表

万用电表又称为多用电表，是电力、电子等部门不可缺少的测量仪表，一般以测量电压、电流和电阻为主要目的。万用电表按显示方式分为指针万用电表和数字万用电表。它是一种多功能、多量程的测量仪表，一般万用电表可测量直流电流、直流电压、交流电流、交流电压、电阻和音频电平等，有的还可以测电容量、电感量及半导体的一些参数等（图 2-32）。

3. 压力计

常见的压力计有"U"形压力计、电子压力计等。主要用于气密测试及量度气体压力。

1）在透明"U"形管内注水，利用刻度显示压力。使用前先确定水镜与橡胶管之间接口接驳是否妥当。

2）电子压力计（图 2-33）是精确测量压力的电子设备，多数产品还可以测量温度，目前广泛应用于油气田地层中的油、气、水等介质的压力及温度值测量与记录，也是一种具有高实时性、高精确度、高分辨率"三高"特征的压力及温度测试装置。

图 2-32　万用电表

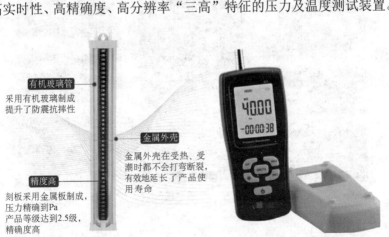

有机玻璃管
采用有机玻璃制成
提升了防震抗摔性

金属外壳
金属外壳在受热、受潮时都不会打弯断裂，有效地延长了产品使用寿命

精度高
刻板采用金属板制成，压力精确到 Pa
产品等级达到 2.5 级，精确度高

"U"形压力计

图 2-33　压力计

4. 可燃气体检测仪

可燃气体检测仪是对单一或多种可燃气体浓度响应的探测器。可燃气体检测仪有催化型可燃气体检测仪、红外光学型可燃气体检测仪2种，本书主要介绍催化型可燃气体检测仪。

催化型可燃气体检测仪是利用难熔金属铂丝加热后的电阻变化来测定可燃气体浓度。当可燃气体进入探测器时，在铂丝表面引起氧化反应（无焰燃烧），其产生的热量使铂丝的温度升高，铂丝的电阻率便随之发生变化（图2-34）。

图 2-34　可燃气体检测仪

（1）半导体式气体检测器

半导体式气体检测器是利用一定温度下电导率随着环境气体成分的变化而变化的原理制造的。例如，酒精检测仪是利用二氧化锡在高温下遇到酒精气体时电阻会急剧减小的原理制备的。

半导体式气体传感器可以有效地用于甲烷、乙烷、丙烷、丁烷、酒精、甲醛、一氧化碳、二氧化碳、乙烯、乙炔、氯乙烯、苯乙烯、丙烯酸等气体的检测。这种传感器成本低廉，适宜于民用气体检测的需求。

（2）催化燃烧式气体检测器

催化燃烧式气体检测器是由两只固定电阻构成惠斯登检测桥路。它主要用于可燃性气体的检测。当含有可燃性混合气体扩散到检测元件上时，迅速进行无焰燃烧，并产生反应热，使热丝电阻值增大，电桥输出一个变化的电压信号，这个电压信号的大小与可燃气体的浓度成正比。其优点是选择性好、反应准确、稳定性好、能够定量检测、不易产生误报、控制可靠、寿命 3 年左右。

5. 卷尺

卷尺是日常生活中常用的工量具（图 2-35）。其分为钢卷尺、皮尺、腰围尺等，钢卷尺有 1 m、1.5 m、2 m、3 m、3.5 m、5 m、7.5 m、10 m，最常用的是 3 m 和 5 m 的钢卷尺。如果用于长距离的量度建议使用皮尺或激光尺，如果测量更远尺寸，可以使用手持式激光测距仪，它最大可以测得两点间直线距离 1 000 m。测量不是两点一线的长距离时可以选用公路测量手推车测距仪。

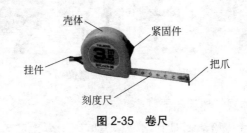

图 2-35　卷尺

卷尺的组成部分及功能见表 2-2。

表 2-2　卷尺的组成部分及功能

代号	构件名称	主要功能
1	把爪	测量外部长度时起卡紧作用
2	紧固件	对刻度尺起固定作用
3	壳体	对刻度尺起保护作用，同时起装饰作用
4	挂件	起防止意外掉落损坏作用
5	刻度尺	起测量物品规格作用

卷尺的使用方法：

卷尺在使用的过程中，如果没有按照规范的操作说明使用，可能会出现量度不准确、手指被割伤等情况。为了避免这类事情的发生，我们在使用前应根据所要测量尺寸的精度和范围选择合适的卷尺，然后再检查外观有无破损，有无合格标签，拉开检查卷尺头部是否损坏，刻度是否模糊不清，是否对零位等情况。量度水平长度时要拉直卷尺，避免倾斜，测量垂直高度时同样也要避免倾斜。使用完后要将卷尺擦拭干净，避免锈蚀，保持刻度清晰等。

6. 红外线测距仪

红外线测距仪作为一种精密的测量工具，已经广泛应用于各个领域。测距仪可以分为超声波测距仪、红外线测距仪、激光测距仪。目前所说的红外线测距仪指的就是激光红外线测距仪，也就是激光测距仪。红外线测距仪，即用调制的红外线进行精密测距的仪器，测程一般为 1～5 km（图 2-36）。

图 2-36　红外线测距仪

工作原理：利用红外线传播时的不扩散原理。因为红外线在穿越其他物质时折射率很小，所以长距离的测距仪都会考虑红外线，而红外线的传播是需要时间的，当红外线从测距仪发出碰到反射物被反射回来时数据被测距仪接收，再根据红外线从发出到被接收的时间及红外线的传播速度就可以算出距离，所以称为红外线测距仪。其磁钢是专用强磁永磁磁钢。

7. 水平尺

水平尺主要用来检测或测量水平度和垂直度，可分为铝合金方管形、工字形、压铸形、塑料形、异形等规格；长度从 10 cm～250 cm；

水平尺材料的平直度和水准泡质量，决定了水平尺的精确性和稳定性（图2-37）。

水平尺容易保管，悬挂、平放都可以，不会因长期平放影响其水平度、垂直度。铝镁轻型水平尺不易生锈，使用期间不用涂油，长期不使用存放时轻轻地涂上一层薄薄的一般工业油即可。

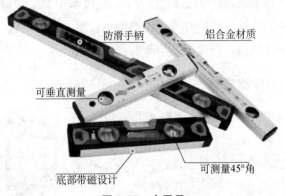

防滑手柄　铝合金材质

可垂直测量

底部带磁设计　可测量45°角

图 2-37　水平尺

8. 激光投线仪

激光投线仪又叫红外线水平仪，广泛应用于建筑工程之中，它兼具了原有的水准仪、经纬仪画线的功能，以激光线条将工作准线精确地投射于工作对象上，使施工过程更方便、省时、省力，同时能够以较高的精度保证施工质量（图2-38）。

9. 直角尺

直角尺（图2-39）是检验和画线工作中常用的量具，用于检测工件的垂直度及工件相对位置的垂直度。通常用钢、铸铁或花岗岩制成。可分为圆柱直角尺、矩形直角尺、三角尺直角尺、刀口形直角尺、铸铁直角尺、宽座直角尺、平形直角尺、线纹钢直角尺。

图 2-38　激光投线仪

图 2-39　直角尺

10. 游标卡尺

游标卡尺是一种测量长度、内外径、深度的量具。游标卡尺由主尺和附在主尺上能滑动的游标尺 2 个部分构成。若从背面看，游标尺是一个整体。主尺一般以 mm 为单位，而游标尺上则有 10 个、20 个或 50 个分格，根据分格的不同，游标卡尺可分为 10 度游标卡尺、20分度游标卡尺、50 分度游标卡尺等。游标卡尺的主尺和游标尺上有两副活动量爪，分别是内测量爪和外测量爪，内测量爪通常用来测量内径，外测量爪通常用来测量长度和外径。深度尺与游标尺连在一起，可以测槽和筒的深度（图 2-40）。

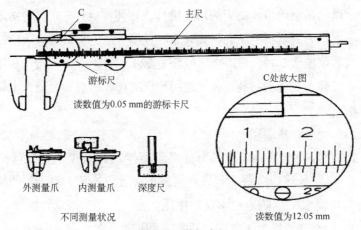

图 2-40　游标卡尺

11. 电钻

（1）电钻的概念

电钻是利用电做动力的钻孔机具，是电动工具中的常规产品。电钻主要规格有 4 mm、6 mm、8 mm、10 mm、13 mm、16 mm、19 mm、23 mm、32 mm、38 mm、49 mm 等，数字指在抗拉强度为 390 N/mm^2 的钢材上钻孔的钻头最大直径。对有色金属、塑料等材料最大钻孔直径可比原规格大 30%～50%（图 2-41）。

图 2-41　电钻

（2）电钻的分类和用途

电钻分为锤钻、手电钻、冲击钻 3 类。

手电钻是利用电做动力的钻孔机具。只具备旋转方式，特别适合在需要很小力的材料上钻孔，如软木、金属、砖、瓷砖等。手电钻有手提式和手枪式 2 种，使用电压一般是 220 V 和 36 V。冲击钻和锤钻都是比较轻便灵活的钻孔设备，适用于在砖墙、岩石和混凝土上钻孔与开槽。

（3）使用注意事项

1）做好安全接地，电钻外壳必须有接地线或接中性线保护。

2）电钻导线应完好无损，严禁乱拖，防止轧坏、割破。严禁把电线拖置油水中，防止油水腐蚀电线。

3）检查其绝缘是否完好，开关是否灵敏可靠。

4）装夹钻头应用力适当，使用前空转几分钟，待转动正常后方可使用。

5）钻孔时应使钻头缓慢接触工件，不得用力过猛，防止折断钻头、烧坏电机。

6）在干燥处使用电钻，严禁戴手套，防止手套与钻头绞在一起发生意外。在潮湿的地方使用电钻时，必须站在橡皮垫或干燥的木板上，以防触电。

7）使用中如发现电钻漏电、震动、高温或有异声，应立即停止并进行检查。

8）电钻未完全停止转动时，不能卸、换钻头。

9）停电、休息或离开工作地时，应立即切断电源。

10）用力压电钻时，必须使电钻垂直，而且固定端要牢固可靠。

11）中途更换新钻头，沿原孔洞进行钻孔时，不要突然用力，防止折断钻头发生意外。

12）在登高或在防爆区域内使用电钻时，必须采取一定的防护措施，并在取得许可证后方可施工。

（4）维护和保养

1）电钻的使用必须符合现行国家标准《手持式电动工具的管理、使用、检查和维修安全技术规程》（GB/T 3787）的规定。

2）保持工作场地整洁、照明充分，杂乱的场地、杂乱的工作环境都可能引发事故。

3）不要把电钻放在有雨水的地方，也不要在潮湿的地方使用电钻。

4）切莫把电钻拖离插座很远，电钻不要靠近火炉油料和锋利的东西。

5）保持电机清洁，润滑油应注意添换。

6）电钻表面应保持光洁，随时清除污垢。

12. 电动套丝机

（1）电动套丝机的概念

电动套丝机是用于加工管子外螺纹的电动工具。又名电动切管套丝机、绞丝机、管螺纹套丝机。它使管道安装时的管螺纹加工变得轻松、快捷，减轻了管道安装工人的劳动强度。

（2）电动套丝机的结构组成

电动套丝机由电源开关、后卡盘、前卡盘、割刀器、刮刀、进刀手轮组成。为了节省制造成本，近年来，市场上出现了重型套丝机和轻型套丝机 2 种。电动套丝机的结构组成如图 2-42 所示。

图 2-42 电动套丝机

（3）电动套丝机的用途

电动套丝机适用于各类建筑工程，如自来水、煤气管、电气设备等安装作业。作业中对钢管绞削管螺纹及钢管切断、倒角具有 3 道工序一次完成的功能。

（4）电动套丝机使用时注意事项

1）保持工作场所清洁明亮，不要将本机暴露在雨中或在潮湿的环境中操作，以免触电。

2）操作者只允许穿紧身工作服，开机前应摘掉手套。

3）开机时应空转 1 min，待机器旋转、冷却液循环正常后再进行套丝操作。机器运转时禁止抓摸工件和装拆零件。

4）机器运转时应将旋转工件或危险区域保护起来，超长工件支承必须稳定。

5）禁止超强度使用机器，禁止在机器上使用破损板牙。

6）更换板牙时应按序号逐个装入板牙槽内，使其锁紧缺口与曲线盘相吻合，然后扳动曲线盘刻度，使指示线符合加工件尺寸，该板牙即可正确定位。

7）加工件穿过前卡盘后，其伸出长约 100 mm 为宜。

8）切割加工件时进刀量不能过大，用力应均匀。

9）每次作业后必须清理铁屑，清洗板牙和板牙头。

10）当机器不使用时，开关应在"关"的位置上，并切断机器的电源。

（5）电动套丝机的维护及保养

1）每天清洗油盘，如果油色发黑或脏污，应清洗油箱，更换新油。

2）每天工作结束后，清洗板牙和板牙头，检查板牙有无崩齿，清除齿间切屑，如果发现板牙损坏应及时更换，更换板牙时不能只更换一个，应更换一副，即 4 个板牙。

3）为保证前后轴承的润滑，在使用时应向主轴机壳上面的 2 只油杯加油，每天不得少于 2 次。

4）每周检查割刀刀片，发现刀片变钝应及时更换。

5）每周清洗油箱过滤器。

6）每月检查卡爪尖磨损情况，发现磨损严重时，必须更换卡爪尖。

7）当设备长期不使用时，应拔掉电源插头，在前后导柱及其他运行面上涂抹防锈油，存放于通风、干燥处妥善保管。

第四节　室内燃气管道安装

　　室内燃气工程是指城镇居民、公共商业和工业用户内部的燃气供应系统，一般由调压装置、引入管、立管、水平干管、燃气表、用户支管、阀门、燃气用具等组成。引入管是指室外配气支管至用户燃气进口管总阀门之间的管道。水平干管是指当一根引入管连接多根立管时，各立管与引入管的连接管。立管是沿建筑物垂直敷设的用于连接各用户燃气表前支管的燃气管道。用户支管从立管引出连接每一户的室内燃气设施。

　　室内燃气管道是指从引入管总阀门到各用户燃具和设备之间的管道。室内燃气管道系统既要满足用户安全稳定、方便使用的要求，又要便于日常维护管理，达到牢固、与周围环境协调的效果。所以，安装需考虑多方面的因素。施工人员应仔细阅读图纸，并到施工现场仔细核对，发现问题及时与业主和设计人员研究沟通并解决。施工中应做到按图施工，保证质量和工期及资金等方面的目标实现。同时，室内燃气管道工程应与建筑工程同步设计，以便建筑施工时预留好燃气管道路由和孔洞。室内燃气管道工程已开始尝试工厂化预制，以减少费时费力的现场预制工作量。

一、室内燃气管道工程的常规安装顺序

　　根据现行国家和行业的相关标准和要求，屋内燃气管道常规的安装顺序为：

　　（1）编制施工组织设计或施工方案

　　施工前编制施工组织设计或施工方案报监理单位和建设单位审批。施工组织设计是指工程项目在开工前，根据设计文件及业主和监理工程

师的要求，以及主客观条件，对拟建工程项目施工的全过程在人力和物力、时间和空间、技术和组织等方面进行的一系列筹划和安排。它是指导拟建工程项目进行施工准备和正常施工的基本技术经济文件，是建设项目施工组织管理工作的核心和灵魂。

分部分项工程施工组织设计是针对某个分部或分项工程而编制的，用于具体实施施工全过程的各项施工活动，亦称"施工方案"或"专项工程施工组织设计"。分部分项工程施工组织设计一般与单位工程施工组织设计的编制同时进行，并由单位工程的技术人员进行编制，由项目技术负责人审批。

所以室内燃气工程施工前需要编制施工组织设计方案或施工方案。

（2）放线打洞与绘制安装草图

按设计和施工方认可的施工图和不同房间相对应的管道、管件、设备、管道走向、管长、管径及实际安装位置，用划笔将其一一准确标记在现场建筑物上。管道放线的同时按照管道走向绘制出标有管段编号、管径、变径、预留管口及阀门位置等的安装草图。如果施工图中含有系统安装图，也可以按实际勘察结果进行标注，形成安装草图。管道安装应与土建和其他专业密切配合，有利于提高施工效率和保证工期。发现图纸有问题，应及时提请设计或有关部门解决，施工人员不得自行修改设计。

二、下料、配管与管道预制

1. 钢管安装技能要求

（1）钢管调直的方法

钢管调直的方法有冷调和热调。冷调一般用于弯曲程度不大的 DN50 钢管。冷调的方法主要有平台法、调直台法、锤击法 3 种。平台法：长管冷调时可将管子放置在平台上；调直台法：当直径较大时，可用调直台法调直，也称半机械调直法；锤击法：对于弯曲不严重且要求不高的钢管，允许采用锤击的方法在铁基础上进行调直。

对于大口径管道直径在 100 mm 以下、50 mm 以上，或直径虽小但弯度大于 20°的钢管，必须采用热调直法调直。

（2）钢管变形的检查

长管检查的方法为重力检查法。首先将被检查的钢管的两端横放在两根平行的角钢上轻轻滚动，若钢管在缓慢滚动中能够停留在任何位置，则钢管为直的。若钢管在滚动的过程中快慢不均匀，来回摆动，则停下来时向下的一面就是凸弯曲面，做好记号，需要调直，调直后再反复检查，直到多次滚动速度均匀，且不在同一个位置停下为止。

短管检查可采用目测法，即将钢管一端抬起，用肉眼直接观察钢管外表面的平直度。若目测观察钢管外表面曲线均为平行支线，即为直管；若表面有凸起，则应调直。

2. 管段下料加工

（1）管段长度的不同含义

构造长度：管道系统中相邻管件或管件与设备中心线之间的长度。

安装长度：管道系统中相邻管件或管件与设备中心线之间所需管子在轴线方向上的有效长度。

预制加工长度：管道系统中相邻管件或管件与设备中心线之间所需管子的下料长度。当管段为直管段时预制安装长度等于安装长度。当管段为弯曲时，则预制加工长度等于管子展开后的长度。

进行管段的测量后就要进行管子下料长度的确定。确定方法有计算法和比量法。在此只介绍螺纹连接的下料长度计算方法。当用计算法确定螺纹连接的管子预制加工长度时，我们用安装长度加上拧入零件内螺纹部分的长度。当采用比量法时，先在钢管的一端套螺纹，抹油缠麻，并拧紧安装在前方的管件中。用此管与连接后方的管件进行比量，使两管件的中心距离为构造长度，从管件的边缘量出拧入深度，在管子上用锯条锯出切断线，经切断、套螺纹后即可安装。

（2）管段的夹装

使用手钢锯进行管段切割或是管道连接时，需要对管段进行夹装固定，会用到压力钳。使用完毕后将工件从压力钳上卸下，清洁压力钳口。

（3）螺纹加工

螺纹加工的要求有：钢管在切割或攻螺纹时，焊缝处出现开裂，该钢管严禁使用；现场攻制的螺纹数应符合相关规定；钢管的螺纹应光滑端正，无斜丝、乱丝、断丝或脱落，缺损长度不得超过螺纹数的 10%；管件拧紧后，外露螺纹为 1～3 扣。钢制外螺纹应进行防锈处理。

可以使用手工铰板进行螺纹加工，也可以使用电动套丝机进行螺纹加工。

（4）倒角

可以使用锉刀倒角，也可以使用电动套丝机倒角。

（5）管段的切割

可以使用电动套丝机、手钢锯、割刀对管段进行切割。

3. 管道的螺纹连接

管件与管道的螺纹连接也叫丝扣连接。螺纹连接分为短螺纹（短丝）连接、长螺纹（长丝）连接和活接头连接等形式。在燃气管道中，长螺纹连接用得较少，在此不做讨论。

1）短丝连接是指管子的外螺纹与管件或阀门的内螺纹进行固定的一种连接方式。若要拆卸，必须从头拆起。

短螺纹连接的操作步骤为清扫、缠绕生料带、带扣、拧紧。其中带扣就是指操作时先用手把带内螺纹的管件或阀门拧入短螺纹上 2～3 牙。

如果活接头安装在阀门附近，但阀门损坏需要更换时，从活接头处拆开很方便。如果为固定连接，更换时就必须从头拆起，费时费力。活接头由公口、母口、套母及垫圈组成。套母的外表面呈六角形，内表面的内螺纹与母口上的外螺纹配合。

2）室内燃气管道采用镀锌钢管时，活接头的安装位置及要求如下：

①主立管每隔一层加一个活接头，离地面 1.5 m 左右，如遇主管有球阀，活接头应在球阀后 20 cm 处。

②活接头的垫片应为厚度不小于 1.5 mm 的丁腈橡胶或聚四氟乙烯材料，严禁使用普通天然橡胶和石棉垫片。

③球阀后应加活接头，球阀和活接头之间的间距应满足相应要求，安装时应注意活接头的方向。

④接灶管为硬管连接时，球阀后应接活接头；接灶管为软管连接时，可不设活接头。

⑤水平干管的支管应加活接头。管道在走廊、门厅内严禁加活接头。

⑥家用燃气表两个接头为活动螺母连接，表前球阀在 50 cm 以内时，球阀与表之间可不接活接头。

活接头的连接操作流程为清扫、缠生料带、带扣、上公口、上母口、在公口上加垫、找正、套母入口、锁紧。

整个螺纹连接要在连接前清除外螺纹管端上的污物；缠填料时要注意方向，应按顺时针方向从管头往里缠绕，并注意用量要适当。燃气管道采用螺纹连接时，不允许用铅油、麻丝密封，应采用聚四氟乙烯密封带螺纹接口的填料；正确使用工具，避免伤害；进行螺纹连接要选用合适的管钳，不允许用套管加长钳把进行操作；拧紧配件时不仅要求上紧，还必须注意管件阀门的方向，不允许因拧过头而采用倒拧的方法找正。

4. 管道的安装固定

（1）安装顺序

室内燃气管道的安装顺序一般为从总立管开始，逐段安装连接，直至灶具支管末端的灶具控制阀。燃气表使用连通管临时连通。强度试验合格后，再把燃气表与灶具（或燃气热水器）接入管道。连接时，螺纹接口的拧紧程度应与配管时相同，否则将产生累计轴向尺寸误差和偏斜，影响安装质量。螺纹接口的主要工具是管钳，不同管钳具有不同长度和钳口尺寸，适用于不同管径。

（2）管道固定

管道安装后应牢固地固定在墙体上，立管使用立管卡和固定。立管卡一般每层楼设置一个。水平管采用托钩或固定托卡。托卡间距应保证在最大扰度时不产生倒坡。托卡与墙体的固定一般采用射钉。用于承受振动荷载或冲击荷载的托卡的固定不能使用射钉。

图 2-43～图 2-46 是比较典型的室内燃气系统的平面图和系统图，包括用户引入管、水平干管、立管、用户支管、燃气表、阀门、燃气具连接管和燃气具等。下面将详细介绍每个组成部分的敷设要求。随着天然气的普及，现在比较常见的还有户外集中挂表安装、户外立管安装等方式。

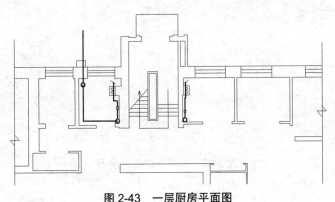

图 2-43 一层厨房平面图

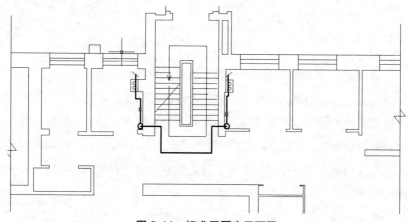

图 2-44　标准层厨房平面图

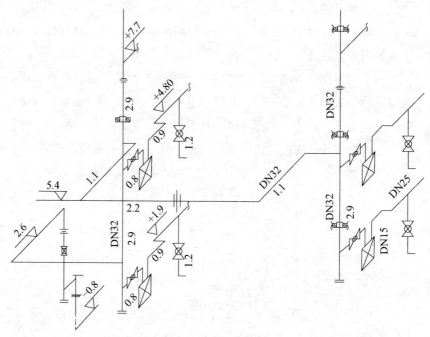

图 2-45　一层、二层系统图

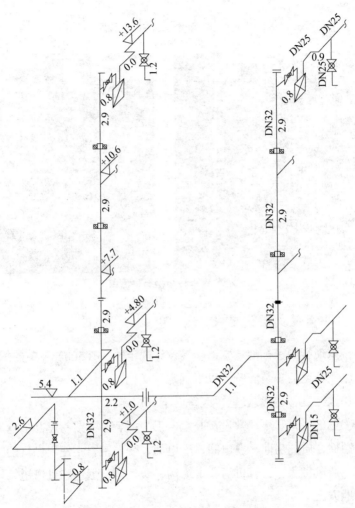

图 2-46　一层至五层系统图

三、引入管

1. 引入管的形式（图 2-47）

根据建筑物的不同结构特点，引入管常采用以下几种形式：

地上引入、地下引入、嵌墙引入、补偿引入。

图 2-47　高层建筑燃气管道引入

2. 引入管的敷设要求

按照现行国家标准《城镇燃气设计规范》（GB 50028）中的规定，室内燃气管道的安装应符合以下规定。

1）燃气引入管敷设位置应符合下列规定：

①燃气引入管不得敷设在卧室、卫生间、易燃或易爆品的仓库、有腐蚀性介质的房间、发电间、配电间、变电室、不使用燃气的空调机房、通风机房、计算机房、电缆沟、暖气沟、烟道和进风道、垃圾道等地方。

②住宅燃气引入管宜设在厨房、外走廊、与厨房相连的阳台内（寒冷地区输送湿燃气时阳台应封闭）等便于检修的非居住房间内。确有困难，可从楼梯间引入（高层建筑除外），但应采用金属管道且引入管阀门宜设在室外。

③商业和工业企业的燃气引入管宜设在使用燃气的房间或燃气表间内。

④燃气引入管宜沿外墙地面上穿墙引入。室外露明管段的上端弯曲处应加不小于 DN15 清扫用三通和丝堵，并做防腐处理。寒冷地区输送湿燃气时应保温。

引入管可埋地穿过建筑物外墙或基础引入室内。当引入管穿过墙或基础进入建筑物后应在短距离内出室内地面，不得在室内地面下水平敷设。

2）燃气引入管穿墙与其他管道的平行净距应满足安装和维修的需要，当与地下管沟或下水道距离较近时，应采取有效的防护措施。

3）燃气引入管穿过建筑物基础、墙或管沟时，均应设置在套管中，并应考虑沉降的影响，必要时应采取补偿措施。

套管与基础、墙或管沟等之间的间隙应填实，其厚度应为被穿过结构的整个厚度。

套管与燃气引入管之间的间隙应采用柔性防腐、防水材料密封。

4）建筑物设计沉降量大于 50 mm 时，可对燃气引入管采取以下补偿措施：

①加大引入管穿墙处的预留洞尺寸。

②引入管穿墙前水平或垂直弯曲 2 次以上。

③引入管穿墙前设置金属柔性管或波纹补偿器。

5）燃气引入管的最小公称直径应符合下列要求：

①输送人工煤气和矿井气不应小于 25 mm；

②输送天然气不应小于 20 mm；

③输送气态液化石油气不应小于 15 mm。

6）燃气引入管阀门宜设在建筑物内，对重要用户还应在室外另设阀门。

7）输送湿燃气的引入管，埋设深度应在土壤冰冻线以下，并宜有不小于 0.01° 坡向室外管道的坡度。

四、地下室等敷设燃气管道的要求

按照现行国家标准《城镇燃气设计规范》（GB 50028）中的规定：

1）地下室、半地下室、设备层和地上密闭房间敷设燃气管道时，应符合下列要求：

①净高不宜小于 2.2 m。

②应有良好的通风设施，房间换气次数不得小于 3 次／h，并应有独立的事故机械通风设施，其换气次数不应小于 6 次/h。

③应有固定的防爆照明设备。

④应采用非燃烧体实体墙与电话间、变配电室、修理间、储藏室、卧室、休息室隔开。

⑤应按现行国家标准《城镇燃气设计规范》（GB 50028）中的相关规定设置燃气监控设施。

⑥燃气管道应符合现行国家标准《城镇燃气设计规范》（GB 50028）第 10.2.23 条要求。

⑦当燃气管道与其他管道平行敷设时，应敷设在其他管道的外侧。

⑧地下室内燃气管道末端应设放散管，并应引出地上。放散管的出口位置应保证吹扫放散时的安全和卫生要求。

2）液化石油气管道和烹调用液化石油气燃烧设备不应设置在地下室、半地下室内。当确需要设置在地下一层、半地下室时，应针对具体条件采取有效的安全措施，并进行专题技术论证。

3）敷设在地下室、半地下室、设备层和地上密闭房间以及竖井、住宅汽车库（不使用燃气，并能设置钢套管的除外）的燃气管道应符合下列要求：

①管材、管件及阀门、阀件的公称压力应按提高一个压力等级进

注：地上密闭房间包括地上无窗或窗仅用作采光的密闭房间等。

行设计。

②管道应采用钢号为 10、20 的无缝钢管或具有同等及同等以上性能的其他金属管材。

③除阀门、仪表等部位和采用加厚管的低压管道外，均应焊接和法兰连接；应尽量减少焊缝数量，钢管道的固定焊口应进行 100%射线照相检验，活动焊口应进行 10%射线照相检验，其质量不得低于现行国家标准《现场设备、工业管道焊接工程施工及验收规范》（GB 50236）中的Ⅱ级；其他金属管材的焊接质量应符合相关标准的规定。

④燃气水平干管和立管不得穿过易燃易爆品仓库、配电间、变电室、电缆沟、烟道、进风道和电梯井等。

五、立管和水平干管

按照现行国家标准《城镇燃气设计规范》（GB 50028）中的规定：

10.2.25　燃气水平干管宜明设，当建筑设计有特殊美观要求时可敷设在能安全操作、通风良好和检修方便的吊顶内，管道应符合本规范第 10.2.23 条的要求；当吊顶内设有可能产生明火的电气设备或空调回风管时，燃气干管宜设在与吊顶底平的独立密封型管槽内，管槽底宜采用可卸式活动百叶或带孔板。

燃气水平干管不宜穿过建筑物的沉降缝。

10.2.26　燃气立管不得敷设在卧室或卫生间内。立管穿过通风不良的吊顶时应设在套管内。

10.2.27　燃气立管宜明设，当设在便于安装和检修的管道竖井内时，应符合下列要求：

1）燃气立管可与空气、惰性气体、上下水、热力管道等设在一个公用竖井内，但不得与电线、电气设备或氧气管、进风管、回风管、排气管、排烟管、垃圾道等共用一个竖井。

2）竖井内的燃气管道应符合本规范第10.2.23条的要求，并尽量不设或少设阀门等附件。竖井内的燃气管道的最高压力不得大于0.2 MPa；燃气管道应涂黄色防腐识别漆。

3）竖井应每隔2～3层做相当于楼板耐火极限的不燃烧体进行防火分隔，且应设法保证平时竖井内自然通风和火灾时防止产生"烟囱"作用的措施。

4）每隔4～5层设一燃气浓度检测报警器，上、下两个报警器的高度差不应大于20 m。

5）管道竖井的墙体应为耐火极限不低于1.0 h的不燃烧体，井壁上的检查门应采用丙级防火门。

10.2.28 高层建筑的燃气立管应有承受自重和热伸缩推力的固定支架和活动支架。

10.2.29 燃气水平干管和高层建筑立管应考虑工作环境温度下的极限变形，当自然补偿不能满足要求时，应设置补偿器；补偿器宜采用Ⅱ形或波纹管形，不得采用填料型。补偿量计算温差可按下列条件选取：

1）有空气调节的建筑物内取20℃；

2）无空气调节的建筑物内取40℃；

3）沿外墙和屋面敷设时可取70℃。

10.2.30 燃气支管宜明设。燃气支管不宜穿过起居室（厅）。敷设在起居室（厅）、走道内的燃气管道不宜有接头。

当穿过卫生间、阁楼或壁柜时，燃气管道应采用焊接连接（金属软管不得有接头），并应设在钢套管内。

10.2.31 住宅内暗埋的燃气支管应符合下列要求：

1）暗埋部分不宜有接头，且不应有机械接头。暗埋部分宜有涂层或覆塑等防腐蚀措施。

2）暗埋的管道应与其他金属管道或部件绝缘，暗埋的柔性管道宜采用钢盖板保护。

3）暗埋管道必须在气密性试验合格后覆盖。

4）覆盖层厚度不应小于10 mm。

5）覆盖层面上应有明显标志，标明管道位置，或采取其他安全保护措施。

10.2.32　住宅内暗封的燃气支管应符合下列要求：

1）暗封管道应设在不受外力冲击和暖气烘烤的部位。

2）暗封部位应可拆卸，检修方便，并应通风良好。

10.2.33　商业和工业企业室内暗设燃气支管应符合下列要求：

1）可暗埋在楼层地板内。

2）可暗封在管沟内，管沟应设活动盖板，并填充干砂。

3）燃气管道不得暗封在可以渗入腐蚀性介质的管沟中。

4）当暗封燃气管道的管沟与其他管沟相交时，管沟之间应密封，燃气管道应设套管。

10.2.34　民用建筑室内燃气水平干管，不得暗埋在地下土层或地面混凝土层内。

工业和实验室的室内燃气管道可暗埋在混凝土地面中，其燃气管道的引入和引出处应设钢套管。钢套管应伸出地面5～10 cm。钢套管两端应采用柔性的防水材料密封；管道应有防腐绝缘层。

10.2.35　燃气管道不应敷设在潮湿或有腐蚀性介质的房间内。当确需敷设时，必须采取防腐蚀措施。

输送湿燃气的燃气管道敷设在气温低于0℃的房间或输送气相液化石油气管道处的环境温度低于其露点温度时，其管道应采取保温措施。

10.2.36　室内燃气管道与电气设备、相邻管道之间的净距不应小于表10.2.36的规定。

表10.2.36　室内燃气管道与电气设备、相邻管道之间的净距　　单位：cm

管道和设备		与燃气管道的净距	
		平行敷设	交叉敷设
电气设备	明装的绝缘电线或电缆	25	10(注)
	安装或管内绝缘电线	5（从所做的槽或管子的边缘算起）	1
	电压小于1 000 V的裸露电线	100	100
	配电盘或配电箱、电表	30	不允许
	电插座、电源开关	15	不允许
相邻管道		保证燃气管道、相邻管道的安装和维修	2

注：1. 当明装电线加绝缘套管且套管的两端各伸出燃气管道10 cm时，套管与燃气管道的交叉净距可降至1 cm。

2. 当布置确有困难，在采取有效措施后，可适当减小净距。

10.3.37　沿墙、柱、楼板和加热设备构件上明设的燃气管道应采用管支架、管卡或吊卡固定。管支架、管卡、吊卡等固定件的安装不应妨碍管道的自由膨胀和收缩。

10.2.38　室内燃气管道穿过承重墙、地板或楼板时，必须加钢套管，套管内管道不得有接头，套管与承重墙、地板或楼板之间的间隙应填实，套管与燃气管道之间的间隙应采用柔性防腐、防水材料密封。

10.2.39　工业企业用气车间、锅炉房以及大中型用气设备的燃气管道上应设放散管，放散管管口应高出屋脊（或平屋顶）1 m以上或设置在地面上安全处，并应采取防止雨雪进入管道和放散物进入房间的措施。

当建筑物位于防雷区之外时，放散管的引线应接地，接地电阻应小于10 Ω。

输送干燃气的室内燃气管道可不设置坡度。输送湿燃气（包括气相液化石油气）的管道，其敷设坡度不宜小于 0.003 度。

燃气表前后的湿燃气水平支管应分别坡向立管和燃具。

燃气管道敷设形式、套管公称尺寸、采用的支撑形式管道与墙间距请见表 2-3～表 2-6。

表 2-3　室内燃气管道敷设形式

管道材料	明设管道	暗设管道	
		暗封形式	暗埋形式
热镀锌钢管	应	可	—
无缝钢管	应	可	—
铜管	应	可	可
薄壁不锈钢管	应	可	可
不锈钢波纹软管	可	可	可
燃气用铝塑复合管	可	可	可

注：表中"—"表示不推荐。

表 2-4　燃气管道的套管公称尺寸

燃气管	DN10	DN15	DN20	DN25	DN32	DN40	DN50	DN65	DN80	DN100	DN150
套管	DN25	DN32	DN40	DN50	DN65	DN65	DN80	DN100	DN125	DN150	DN200

表 2-5　燃气管道采用的支撑形式

公称尺寸	砖砌墙壁	混凝土制墙板	石膏空心墙板	木结构墙	楼板
DN15～DN20	管卡	管卡	管卡、夹壁管卡	管卡	吊架
DN25～DN40	管卡、托架	管卡、托架	夹壁管卡	管卡	吊架
DN50～DN65	管卡、托架	管卡、托架	夹壁托架	管卡、托架	吊架
＞DN65	托架	托架	不得依敷	托架	吊架

表 2-6　室内燃气管道与装饰后墙面的净距　　　　单位：mm

管子公称尺寸	<DN25	DN25~DN40	DN50	>DN50
与墙净距	≥30	≥50	≥70	≥90

第五节　阀门的安装

阀门是在流体系统中，使配管和设备内的介质（液体、气体、粉末）流动或停止并能控制其流量的装置。其是管路流体输送系统中的控制部件，用来改变通路断面和介质流动方向，具有导流、截止、节流、止回、分流或溢流卸压等功能。

一、阀门安装的基本要求

1. 阀门设置位置

室内燃气管道的下列部位应设置阀门：

1）燃气引入管；

2）调压器前和燃气表前；

3）燃气用具前；

4）测压计前；

5）放散管起点。

2. 阀门类型

室内燃气管道阀门宜采用球阀。

3. 阀门的安装要求

阀门的安装应符合现行行业标准《城镇燃气室内工程施工与质量

验收规范》（CJJ 94）的要求。

1）阀门的规格、种类应符合设计文件的要求；

2）在安装前应对阀门逐个进行外观检查，并宜对引入管阀门进行严密性试验；

3）阀门的安装位置应符合设计文件的规定，且便于操作和维修，并宜对室外阀门采取安全保护措施；

4）寒冷地区输送湿燃气时，应按设计文件要求对室外引入管阀门采取保温措施；

5）阀门宜有开关指示标识，对有方向性要求的阀门，必须按照规定方向安装；

6）阀门应在关闭状态下安装。

4. 阀门的运行、维护规定

阀门的运行、维护应符合现行行业标准《城镇燃气设施运行、维护和抢修安全技术规程》（CJJ 51）中的规定。

1）应定期检查阀门，不得有燃气泄漏、损坏等现象；

2）无法开启或关闭不严的阀门，应及时维修或更换。

二、常用阀门

1. 球阀

启闭件（球体）由阀杆带动，并绕球阀轴线做旋转运动的阀门。亦可用于流体的调节与控制，其中硬密封"V"形球阀的"V"形球芯与堆焊硬质合金的金属阀座之间具有很强的剪切力，特别适用于含纤维、微小固体颗料等的介质。而多通球阀在管道上不仅可灵活控制介质的合流、分流及流向的切换，也可关闭任一通道而使另外两个通道相连。本类阀门在管道中一般应当水平安装（图 2-48）。

图 2-48　球阀

2. 蝶阀

蝶阀又叫翻板阀，是一种结构简单的调节
阀，可用于低压管道介质的开关控制的蝶阀是指
关闭件（阀瓣或蝶板）为圆盘，围绕阀轴旋转来
达到开启与关闭的一种阀门（图 2-49）。

阀门可用于控制空气、水、蒸汽、各种腐蚀
性介质、泥浆、油品、液态金属和放射性介质等
各种类型流体的流动。其在管道上主要起切断和

图 2-49　蝶阀

节流作用。蝶阀启闭件是一个圆盘形的蝶板，在阀体内绕其自身的轴
线旋转，从而达到启闭或调节的目的。

3. 止回阀

止回阀是指启闭件为圆形阀瓣并靠自身重量及介质压力产生动
作来阻断介质倒流的一种阀门。其属自动阀类，又称逆止阀、单向阀、
回流阀或隔离阀。阀瓣运动方式分为升降式和旋启式。升降式止回阀
与截止阀结构类似，仅缺少带动阀瓣的阀杆。介质从进口端（下侧）
流入，从出口端（上侧）流出。当进口压力大于阀瓣重量及其流动阻
力之和时，阀门被开启。反之，介质倒流时阀门则关闭。旋启式止回
阀有一个斜置并能绕轴旋转的阀瓣，工作原理与升降式止回阀相似。
止回阀常用作抽水装置的底阀，可以阻止水的回流。止回阀与截止阀
组合使用，可起到安全隔离的作用，缺点是阻力大，关闭时密封性差
（图 2-50）。

4. 截止阀

截止阀又称截门阀，属于强制密封式阀门，所以在阀门关闭时，必须向阀瓣施加压力，以强制密封面不泄漏。当介质由阀瓣下方进入阀门时，操作力所需要克服的阻力，是阀杆和填料的摩擦力与由介质的压力所产生的推力，关阀门的力比开阀门的力大，所以阀杆的直径要大，否则会发生阀杆顶弯的故障。按连接方式分为三种：法兰连接、丝扣连接、焊接连接。从自密封的阀门出现后，截止阀的介质流向就改由阀瓣上方进入阀腔，这时在介质压力作用下，关阀门的力小，而开阀门的力大，阀杆的直径可以相应地减小。同时，在介质作用下，这种形式的阀门也较严密（图 2-51）。

图 2-50　止回阀

图 2-51　截止阀

第六节　管道防腐

一、腐蚀的原因

腐蚀是材料和环境间发生的化学或电化学相互作用，导致材料功能受到损伤的现象。化学腐蚀为金属与周围介质接触发生化学反应引起的金属腐蚀。电化学腐蚀是金属与土壤介质构成微电池发生电化学反应引起的金属腐蚀。

二、防腐蚀方法

本节重点介绍覆盖层保护的防腐蚀的方法。

用耐蚀性能良好的金属或非金属材料覆盖在耐蚀性能较差的材料表面，将基底材料与腐蚀介质隔离开来，以达到控制腐蚀的目的，这种保护方法称为覆盖层保护，此覆盖层则称为表面覆盖层。

为保证覆盖层与基底金属的良好附着和黏结力，不论采用金属还是非金属覆盖层，也不论被保护的表面是金属还是非金属，在施工前均应进行表面处理。

三、钢铁表面防腐蚀

1. 锈蚀分类

钢材表面原始锈蚀分为 A、B、C、D 四级。A 级——全面覆盖着氧化皮而几乎没有铁锈的钢材表面；B 级——已发生锈蚀，且部分氧化皮已经剥落的钢材表面；C 级——氧化皮已因锈蚀而剥落或者可以刮除，且有少量点蚀的钢材表面；D 级——氧化皮已因锈蚀而全面剥离，且已普遍发生点蚀的钢材表面。

2. 锈蚀处理方法

钢铁表面的处理主要有手工工具除锈、机械除锈和化学除锈三类方法。

手工工具除锈是使用钢丝刷、凿刀、铲锤等手工工具，以及旋转钢丝刷、电动砂轮和磨轮等小型动力工具，对工件表面摩擦以去除锈垢，然后再用有机溶剂对浮锈和油污进行洗净。一般较小的工件表面及没有条件采用机械方法进行表面处理的设备表面使用此种方法。

机械除锈是指依靠机械动力对工件表面进行除锈的一种方法。机械除锈包括喷射除锈和抛射除锈。喷射除锈是指用压缩空气将磨料高速喷射到金属表面，依靠磨料的冲击和研磨作用，将金属表面的铁锈和污渍清除。它通常以石英砂为磨料，也称为"喷砂除锈"。其效率高、质量好、设备简单。但是操作时灰尘弥漫，劳动环境差，且会影响到喷砂区附近机械设备的生产和保养。此种方法应用广泛，多用于施工现场设备及管道涂覆前的表面处理。抛射除锈法又称"抛丸法"，它利用抛丸器中高速旋转的叶轮抛出的钢丸以一定的角度冲撞被处理的工件表面，将金属表面的铁锈等清除干净。此种方法只适用于较厚的、不怕碰撞的工件，不适用于大型、异形工件的除锈。

化学除锈是将金属制件在酸液中进行浸蚀加工，来除去金属表面的铁锈及油垢。这种方法适用于对表面处理要求不高、形状复杂的零部件以及无喷砂设备条件的除锈场合。

钢铁表面处理质量对提高覆盖层质量、保证覆盖层与基底金属的良好附着和黏结力有重要影响。我国有相应的表面处理标准。

手工或动力工具除锈金属表面处理等级分为 St_2、St_3 两级。St_2 级指彻底的手工和动力工具除锈。钢材表面无可见的油脂和污垢，且没有附着不牢的氧化皮、铁锈和油漆涂层等附着物，可保留黏附在钢材表面且不能被钝油灰刀剥掉的氧化皮、锈和旧涂层。St_3 级指非常彻底的手工和动力工具除锈。钢材表面无可见的油脂和污垢，且没有附着不牢的氧化皮、铁锈和油漆涂层等附着物。除锈应比 St_2 级更彻底，底材显露部分的表面应具有金属光泽。

喷射或抛射除锈质量等级划分为 Sa_1、Sa_2、$Sa_{2.5}$、Sa_3 四级。Sa_1 级是轻度的喷射或抛射除锈。钢材表面无可见的油脂和污垢，且没有附着不牢的氧化皮、铁锈和油漆涂层等附着物。Sa_2 级是彻底的喷射或抛射除锈。附着物已基本清除，其残留物应是牢固附着的。$Sa_{2.5}$ 级是非常彻底的喷射或抛射除锈。钢材表面无可见的油脂、污垢、氧化皮、铁锈和油漆等附着物，任何残留物的痕迹仅是点状或条纹状的轻微色斑。Sa₃ 级是钢材表观洁净的喷射或抛射除锈。非常彻底除掉金属表面的一切杂物，表面无任何可见残留物和痕迹，呈现均匀的金属光泽，并有一定的粗糙度。

3. 表面防腐方法

对于钢铁表面，表面防腐一般采用的金属覆盖层保护是将耐蚀性较好的一种（或多种）金属或合金把耐蚀性较差的金属表面完全覆盖起来。

热浸镀（热镀）金属覆盖层就是将工件浸放在比自身熔点更低的熔融的镀层金属（如锡、铝、铅、锌等）中，或以一定的速度通过熔融金属槽，从而使工件表面获得金属覆盖层。这种方法工艺较简单，故工业上应用很普遍，例如钢管、薄钢板、铁丝的镀锌以及薄钢板的镀锡等。

非金属覆盖层一般可分为有机非金属覆盖层和无机非金属覆盖层两类。

地上钢制燃气管道主要采用在钢管表面涂敷涂料的方式进行防腐。常用的涂料主要有醇酸树脂涂料、环氧磷酸锌涂料、环氧富锌涂料、无机富锌涂料、环氧树脂涂料、环氧酚醛树脂涂料、聚氨酯涂料、有机硅涂料等。地上燃气管道和设备的防腐涂层在工艺上一般由底漆和面漆组成，底漆和面漆的成分含量各不相同。

防腐涂层可以手工涂刷，每层均按涂敷、抹平、修饰三步进行。手工涂刷适用于初期干燥较慢的涂料，如油性防锈漆或调和漆。

还可以使用喷枪依靠压缩空气的气流使涂料雾化，在气流的带动下喷涂到金属表面上。喷涂的空气压力一般为 0.2～0.4 MPa。喷涂距离合适，喷枪与被涂面呈直角，平行运行，移动速度一般在 30～60 cm 调整恒定，方能使漆膜厚度均匀。在此运行速度范围内，喷雾图样的幅度约为 20 cm。喷雾图样搭接宽度为有效图样幅度的 1/4～1/3。

涂漆施工一般在管道、容器试压合格后进行。为获得更均匀的涂层，不论涂刷或喷涂，第二道漆与前道漆应纵横交叉。

目前，外立管一般采用涂刷防锈漆进行防腐处理。但在外界腐蚀环境及涂刷施工质量等因素的综合作用下，外立管防锈漆一般在 5～10 年内出现严重老化，失去防腐作用。已有研究结果表明，外立管管材不管采用无缝钢管还是低压流体输送钢管，均宜放弃使用传统的防锈漆图层，而应选用熔结环氧粉末防腐层、3PE 外贴锡箔涂层等抗紫外线辐照的防腐层。补口采用环氧底漆加辐射交联聚乙烯热缩带。

4. 表面处理要求

钢铁表面处理主要是采用机械或化学、电化学方法清理金属表面的氧化皮、锈蚀、油污、废漆、灰尘等，主要有以下要求：

1）钢结构表面应平整，施工前应把焊渣、毛刺等清除掉，焊缝应平齐，不应有焊瘤、熔渣和缝隙；如有，应用手提式电动砂轮或扁铲修平。

2）金属基体本身不允许有针孔、砂眼、裂纹等。

3）金属表面应清洁。

4）金属表面应具有一定的粗糙度。

5. 燃气管道防腐施工

燃气管道不应敷设在潮湿或有腐蚀性介质的环境内。当确需敷设时，必须采取防腐蚀措施。例如，加缠防蚀布/加装热缩套，或选用合适的燃气管道材料。横过墙及天花板的管道必须与完成表面保持距离。管道的敷设，除了要考虑免受腐蚀外，亦必须有足够的保护措施以防机械性（如碰撞）破坏。

（1）常用防腐保护措施

1）镀锌：采用热浸镀锌法，镀层厚度不小于 500 g/m^2（55 μm）。

2）防锈漆：可用环氧树脂底漆，或含锌量高底漆。涂层厚度不小于 75 μm。

3）包缠防蚀布。

（2）应用

1）钢管宜先作镀锌处理。

2）管道的连接部位。宽边管件与管道间空隙填充密封胶，密封胶需抹成 45°避免积水；外露螺纹（管道铜球阀连接时）及管道或配件表面受损之处，须涂防锈漆。

3）外露管道处于潮湿或侵蚀性环境中须涂防锈漆货包缠防蚀布。

4）穿越墙或楼板的、暗藏于管槽管道部分须包缠防蚀布，非镀锌或没有保护层的钢管须涂环氧树脂底漆及包缠防蚀布。当需要包裹防蚀布时，管道必须保持清洁及干燥。防蚀布环绕管身包缠，绕层必须有多于 55%重叠，来形成一双倍厚度的保护层。采用的防蚀布必须为合格产品。当使用热缩套时，热缩套的规格应与管道的尺寸相匹配。当穿墙时，防腐层（防蚀布/热缩套）宜超出套管两端 50 mm。

（3）防腐蚀程序

1）涂防锈漆前，须清除管道表面所有油污、污迹、灰尘及杂物。

2）管道及其管道附件的涂漆，应在检验试压合格后进行。

3）采用钢管焊接时，应在除锈（露出金属光泽）后进行，先涂两道防锈底漆，然后再涂两道防锈漆和两道面漆。

4）采用镀锌钢管螺纹连接时，连接处应刷一道防锈底漆，然后再刷两道防锈面漆。

（4）在使用期间的管道应该符合现行行业标准《城镇燃气设施运行、维护和抢修安全技术规程》（CJJ 51）的规定

1）运行中的钢质管道第一次发现存在腐蚀漏气点后，应查明腐蚀原因并对该管道的防腐涂层及腐蚀情况进行选点检查，应根据实际情况制订运行、维护方案。

2）当钢质管道服役年限达到管道的设计使用年限时，应对其进行专项安全评价。

（5）用户燃气管道设计工作年限不应小于 30 年。预埋的用户燃气管道设计工作年限应与该建筑设计工作年限一致。

第七节　管道的试验与验收

一、一般规定

1. 室内燃气管道的试验要求

室内燃气管道的试验应符合下列要求：

1）自引入管阀门起至燃具之间的管道的试验应符合相关规范的要求；

2）自引入管阀门起至室外配气支管之间管线的试验应符合现行行业标准《城镇燃气输配工程施工及验收规范》（CJJ 33）的有关规定。

2. 试验介质

试验应采用空气或氮气，严禁用可燃气体和氧气进行试验。

3. 室内燃气管道试验条件

室内燃气管道试验前应具备下列条件：

1）已制订试验方案和安全措施；

2）试验范围内的管道安装工程除涂漆、隔热层和保温层外，已按设计文件全部完成，安装质量应经施工单位自检和监理（建设）单位检查确认符合相关规范的规定。

4. 试验用压力计量装置要求

试验用压力计量装置应符合下列要求：

1）试验用压力计应在校验的有效期内，其量程应为被测最大压力的 1.5～2 倍。弹簧压力表的精度不应低于 0.4 级。

2）"U"形压力计的最小分度值不得大于 1 mm。

5. 试验工作组织

试验工作应由施工单位负责实施，监理（建设）等单位应参加。

6. 缺陷处理

试验时发现的缺陷，应在试验压力降至大气压力后进行处理。处理合格后应重新进行试验。

7. 执行标准

家用燃具的试验与验收应符合现行行业标准《家用燃气燃烧器具安装及验收规程》（CJJ 12）的有关规定。

8. 试验注意事项

暗埋敷设的燃气管道系统的强度试验和严密性试验应在未隐蔽前进行。当采用不锈钢金属管道时，强度试验和严密性试验检查所用的发泡剂中氯离子含量不得大于 25×10^{-6}。

二、强度试验

1）室内燃气管道强度试验的范围应符合下列规定：

①明管敷设时，居民用户试验范围应为引入管阀门至燃气计量装置前阀门之间的管道系统；暗埋或暗封敷设时，居民用户试验范围应为引入管阀门至燃具接入管阀门（含阀门）之间的管道。

②商业用户及工业企业用户试验范围应为引入管阀门至燃具接入管阀门（含阀门）之间的管道（含暗埋或暗封的燃气管道）。

2）待进行强度试验的燃气管道系统与不参与试验的系统、设备、仪表等应隔断，并应有明显的标志或记录，强度试验前安全泄放装置应已拆下或隔断。

3）进行强度试验前，管内应吹扫干净，吹扫介质宜采用空气或氮气，不得使用可燃气体。

4）强度试验压力应为设计压力的 1.5 倍且不得低于 0.1 MPa。

5）强度试验应符合下列要求：

①在低压燃气管道系统达到试验压力时，稳压不少于 0.5 h 后，应用发泡剂检查所有接头，无渗漏、压力计量装置无压力降为合格。

②在中压燃气管道系统达到试验压力时，稳压不少于 0.5 h 后，应用发泡剂检查所有接头，无渗漏、压力计量装置无压力降为合格；或稳压不少于 1 h 后，观察压力计量装置，无压力降为合格。

③当中压以上燃气管道系统进行强度试验时，应在达到试验压力的 50%时停止不少于 15 min，用发泡剂检查所有接头，无渗漏后方可继续缓慢升压至试验压力并稳压不少于 1 h 后，压力计量装置无压力降为合格。

三、严密性试验

严密性试验范围应为引入管阀门至燃具前阀门之间的管道。通气前还应对燃具前阀门至燃具之间的管道进行检查。室内燃气系统的严密性试验应在强度试验合格之后进行。严密性试验应符合下列要求：

（1）低压管道系统

试验压力应为设计压力且不得低于 5 kPa。在试验压力下，居民用户应稳压不少于 15 min，商业和工业企业用户应稳压不少于 30 min，并用发泡剂检查全部连接点。无渗漏、压力计无压力降为合格。具体方法如下：

1）关闭表前阀；

2）打开所有燃具前阀；

3）点燃排空；

4）选择合适的测压点，利用三通接驳或直接连接"U"形压力计测试；

5）开启表前阀，使管道以供气压力充压并达到稳定压力；

6）关闭表前阀；

7）测试 3 min，以压力不降为合格。

若有泄漏，则应找泄漏点并及时维修，修复后要重复上述测试工作来确保无压力下降；重接所有配件后，使用检漏仪或肥皂水检查所有接驳。

当试验系统中有不锈钢波纹软管、覆塑铜管、铝塑复合管、耐油胶管时，在试验压力下的稳压时间不宜少于 1 h，除对各密封点检查外，还应对外包覆层端面是否有渗漏现象进行检查。

（2）中压及以上压力管道系统

试验压力应为设计压力且不得低于 0.1 MPa。在试验压力下稳压不得少于 2 h，用发泡剂检查全部连接点，无渗漏、压力计量装置无压力降为合格。

低压燃气管道严密性试验的压力计量装置应采用"U"形压力计。

四、验收

1）在施工单位工程完工自检合格的基础上，监理单位应组织进行预验收。预验收合格后，施工单位应向建设单位提交竣工报告并申请进行竣工验收。建设单位应组织有关部门进行竣工验收。

新建工程应对全部施工内容进行验收，扩建或改建工程可仅对扩建或改建部分进行验收。

2）工程竣工验收应包括下列内容：

①工程的各参建单位向验收组汇报工程实施情况；

②验收组应对工程实体质量（功能性试验）进行抽查；

③对工程竣工验收前的文件内容进行核查；

④签署工程质量验收文件。

3）工程竣工验收前应具有下列文件：

①设计文件；

②设备、管道组成件、主要材料的合格证、检定证书或质量证明书；

③施工安装技术文件记录；

④质量事故处理记录；

⑤城镇燃气工程质量验收记录。

第八节　燃气表的安装

燃气表是对管道中燃气通过量的测定和记录，也称"燃气流量计"，用以累计通过管道的燃气的体积或质量。有些流量计只测定单位时间燃气通过量，须经过换算机构才显示累计量。由于气体计量易受温度和压力的影响，计量装置上可附设温度和压力补偿装置。

根据现行行业标准《城镇燃气室内工程施工与质量验收规范》（CJJ 94）及现行国家标准《城镇燃气设计规范》（GB 50028）的规定，燃气表安装应符合以下规定：

1）燃气表在安装前应符合以下规定：

①燃气表应有出厂合格证、质量保证书，标牌上应有 CMC 标志、

最大流量、生产日期、编号和制造单位；

②燃气表应有法定计量鉴定机构出具的鉴定合格证书，并应在有效期内；

③超过检定有效期及倒放、侧放的表应全部进行复检；

④燃气表的性能、规格、适用压力应符合设计文件的要求。

2）燃气表应按设计文件和产品说明书进行安装。

3）燃气用户应单独设置燃气表。

燃气表应根据燃气的工作压力、温度、流量和允许的压力降（阻力损失）等条件选择。

4）户内燃气表的安装位置（图2-52）应符合下列要求：

①宜安装在不燃或难燃结构的室内通风良好和便于查表、检修的地方。

②严禁安装在下列场所：

a. 卧室、卫生间及更衣室内；

b. 有电源、电器开关及其他电器设备的管道井内，或有可能滞留泄漏燃气的隐蔽场所；

c. 环境温度高于 45℃ 的地方；

d. 经常潮湿的地方；

e. 堆放易燃易爆、易腐蚀或有放射性物质等危险的地方；

f. 有变电、配电等电器设备的地方；

g. 有明显振动影响的地方；

h. 高层建筑中的避难层及安全疏散楼梯间内。

③燃气表的环境温度，当使用人工煤气和天然气时，应高于 0℃；当使用液化石油气时，应高于其露点 5℃ 以上。

④住宅内燃气表可安装在厨房内，当有条件时也可设置在户门外。

住宅内高位安装燃气表时，表底距地面不宜小于 1.4 m；当燃气表装在燃气灶具上方时，燃气表与燃气灶的水平净距不得小于 30 cm；

低位安装时，表底距地面不得小于 10 cm。

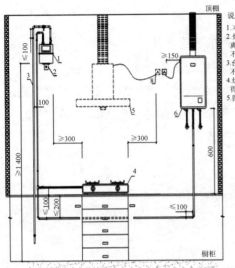

说明：
1.本图为居民用户检测工位：高位挂表安装示意图。
2.灶前阀安装于灶台面之上时，阀门应水平安装，且离台面垂直距离应不大于0.1m，离灶具边缘水平距离不应小于0.2m，燃气表距离灶具最边缘不得小于0.3m。
3.台式灶具采用不锈钢波纹软管或橡胶软管连接时，长度不得超过1m。
4.灶具与墙面的净距不应小于0.1m，与侧面墙面的净距不得小于0.15m，燃气表距灶台的水平距离不得小于0.3m。
5.图中尺寸单位：mm。

图中编号	名称
1	燃气表
2	表托
3	燃气管道
4	台式燃气灶
5	抽油烟机
6	燃气热水器
7	燃气表用波纹软管
8	电源插座

图 2-52　燃气表的安装位置

燃气表与燃具、电气设施之间的最小水平净距应符合表 2-7 的要求。

表 2-7　燃气表与燃具、电气设施之间的最小水平净距　　单位：cm

名称	与燃气表的最小水平净距
相邻管道、燃气管道	便于安装、检查及维修
家用燃气灶具	30（表高位安装时）
热水器	30
电压小于 1 000 V 的裸露电线	100
配电盘、配电箱或电表	50
电源插座、电源开关	20
燃气表	便于安装、检查及维修

⑤商业和工业企业的燃气表宜集中布置在单独房间内，当设有专用调压室时可与调压器同室布置。

⑥燃气表安装后应横平竖直，不得倾斜。

⑦燃气表的安装应使用专用的表连接件。

5）燃气表保护装置的设置应符合下列要求：

①当输送燃气过程中可能产生尘粒时，宜在燃气表前设置过滤器；

②当使用加氧的富氧燃烧器或使用鼓风机向燃烧器供给空气时，应在燃气表后设置止回阀或泄压装置。

第三章

燃 气 灶

第一节　燃气燃烧基础知识和大气式燃烧器

　　燃气是各种气体燃料的总称，它是一种混合气体，可燃组分有碳氢化合物、氢气及一氧化碳，不可燃组分有氮、二氧化碳及氧气。我们要利用的就是燃气燃烧时放出的热量。

　　在现行行业标准《城镇燃气分类和基本特性》（GB/T 13611）中，将下列燃气分别用表 3-1 规定的符号来表示。

表 3-1　城镇燃气的类别及符号

燃气种类	符号
人工煤气	3R、4R、5R、6R、7R
天然气	3T、4T、10T、12T
液化石油气	19Y、22Y、20Y
液化石油气混空气	12YK
二甲醚	12E
沼气	6Z

一台燃气灶仅适用一种燃气。首先要知道自己家使用的气源，然后购买与家中气源相适应的燃气灶。

一、燃烧

气体燃料中的可燃成分（H_2、CO、$CmHn$ 和 H_2S 等）在一定条件下与氧发生激烈的氧化作用，并产生大量的热和光的物理化学反应过程称为燃烧。

燃烧需要具备以下三个必要条件：可燃物质（本书中讨论的是燃气）；氧气——主要从空气中获得；点火源——能让可燃物质燃烧的能量。

需要注意的是，点火源可以是火焰，也可以是各种火花包括电气启闭时的火花、静电火花等。

可燃物质、氧气、点火源同时存在才可以燃烧，这三个条件被称为燃烧的三要素。

二、燃气的热值

1 标准立方米（Nm^3）燃气完全燃烧所放出的热量称为该燃气的热值（kJ/m^3，$kcal/m^3$）。

高热值：是指 1 Nm^3 燃气完全燃烧后其烟气被冷却至原始温度，而其中水蒸气以凝结水状态排出时所放出的热量。

低热值：是指 1 Nm^3 燃气完全燃烧后其烟气被冷却至原始温度，而其中水蒸气以气态排出时所放出的热量。

民用燃气应用设备中，烟气中的水蒸气通常是以气体状态排出的，因此工程中常用燃气的低热值进行计算。

由于实际使用的燃气是含有多种组分的混合气体。所以，混合气体的热值：

$$H = H_1 r_1 + H_2 r_2 + \cdots + H_n r_n$$

式中，H——混合气体的热值；

H_1，H_2，$\cdots$，H_n——燃气中可燃组分的高热值或低热值；

r_1，r_2，$\cdots$，r_n——燃气中各可燃组分的容积成分。

三、燃烧所需空气量

1）理论空气量：每标准立方米（或公斤）燃气按燃烧反应计量方程式完全燃烧所需的空气量，单位为 m^3/m^3（燃气）或 m^3/kg，即燃气完全燃烧最小所需空气量。

2）实际空气量：由于燃气与空气存在混合不均匀性，只供给理论空气量，不能保证完全燃烧。因此实际供给的空气量大于理论空气量。

3）过剩空气系数（α）：实际空气量与理论空气量之比。在工业设备中，α 一般控制在 $1.05 \sim 1.2$；在民用燃具中，α 控制在 $1.3 \sim 1.8$。

四、烟气

烟气是燃气燃烧后的产物，燃气完全燃烧时，烟气中只有二氧化碳和水。当燃气不完全燃烧时，燃烧产物中除了二氧化碳和水分外，还产生一氧化碳。一氧化碳的存在不但说明燃气没有完全燃烧，造成燃气的浪费，而且其本身具有毒性，会造成人体缺氧，严重的会导致死亡。

五、火焰传播速度与燃烧的不稳定现象

火焰面的移动速度称为火焰传播速度，也叫燃烧速度。可燃混合物的速度（气流速度）等于火焰传播速度，是燃烧装置中连续流动的可燃混合气体稳定燃烧的必要条件。

当燃烧速度大于气流速度时，火焰将经过火孔缩回燃烧器燃烧的

现象称为回火。

当燃烧速度小于气流速度时，火焰脱离燃烧器出口，在一定距离以外燃烧的现象称为离焰。如果气流速度继续增大，火焰将会被吹熄，这种现象被称为脱火。

脱火和回火都会引起不完全燃烧，产生一氧化碳等有毒气体。

当环境没有提供足够的助燃空气，燃气就不能完全燃烧，这时火焰呈黄色，称为"黄焰现象"。

六、爆炸极限

燃气与空气的混合物中，燃气所占的比例太高或太低时，由于可燃混合物的发热能力有限，燃气与空气燃烧产生的热量不足以把未燃混合物加热到着火温度，火焰就会失去传播能力而造成燃烧过程的中断。只有燃气所占比例在一定范围时，火焰才能继续传播。能使火焰持续传播的最低燃气比例（燃气浓度）称为火焰传播浓度下限，能使火焰持续传播的最高燃气浓度就是火焰传播浓度上限，上限和下限之间就是火焰传播浓度极限，也称为着火浓度极限。在此范围内的燃气空气混合物，在一定的条件下（密闭空间）会瞬间完成着火燃烧而形成爆炸，因此火焰传播浓度极限又称为爆炸极限。

爆炸极限的影响因素有混合物的温度、压力、是否有纯氧气助燃、燃气与空气的混合物中是否有惰性气体、是否含有灰尘、水蒸气以及容器形状和壁面材料等。

比如甲烷在 0.1 MPa，常温下的爆炸极限为 5%～15%。

七、燃气的相对密度

燃气的相对密度是指温度压力相同时，燃气的平均密度与空气平均密度的比值。空气在标准状态下的平均密度为 1.293 kg/m³。常见燃气的相对密度见表 3-2。

表 3-2　常见燃气的相对密度　　　　　单位：m³

	人工煤气	天然气	气态液化石油气
相对密度	小于 1	小于 1	大于 1
泄漏后在空间的位置	空间上部	空间上部	空间低处

八、燃气的燃烧方式

在此介绍 3 种燃气的燃烧方式：扩散式燃烧、部分预混式燃烧和完全预混式燃烧。

1. 扩散式燃烧

燃气在燃烧前不预先混合空气，一次空气系数等于零，燃烧所需的氧气依靠扩散作用从燃烧器周围的大气中获得。这种燃烧方式称为扩散式燃烧。扩散式燃烧的应用在生活中我们经常见到的就是打火机。

2. 部分预混式燃烧

也叫大气式燃烧。燃气在燃烧以前，混合了部分燃烧所需的空气，提前混合的这部分空气称为一次空气。燃烧所需的另外一部分空气是在燃烧过程中从周围大气中获得的，叫二次空气。这种燃烧方式称为大气式燃烧方式。其中一次空气的量占燃气完全燃烧所需的理论空气量的比例叫一次空气系数，用 α' 表示。

3. 完全预混式燃烧

燃气和空气在燃烧前按照化学当量比混合均匀，并且设置了专门的火道（使燃烧区内保持稳定的高温），燃气与空气混合物到达燃烧区后能在瞬间完成反应。其火焰很短甚至看不见，所以也称为无焰燃烧。

九、部分预混式燃烧器（大气式燃烧器）

根据部分预混式燃烧方式设计的燃烧器称为部分预混式燃烧器（大气式燃烧器）。

19 世纪，化学家本生创造出一种燃烧器。如图 3-1 所示，此燃烧器先从周围大气中吸入一部分燃烧所需要的空气，在燃烧时生成不发光的蓝色火焰，此蓝色火焰由内焰和外焰构成。

大气式燃烧器的工作原理为燃气在一定的压力下，以一定的流速从喷嘴流出，进入吸气收缩管，燃气靠本身的能量吸入一次空气。在引射器

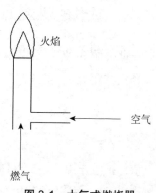

图 3-1　大气式燃烧器

内燃气和一次空气混合，然后，经头部火孔流出，进行燃烧，形成本生火焰。

大气式燃烧器由引射器（图 3-2）和头部组成。引射器包括喷嘴、吸气收缩管、混合管和扩压管。引射器的作用：①以高能量的气体引射低能量的气体，并使两者混合均匀。②在引射器末端形成所需的剩余压力，用来克服气流在燃烧器头部的阻力损失，使燃气-空气混合物在火孔出口获得必要速度，以保证燃烧器稳定工作。③输送一定的燃气量，以保证燃烧器所需的热负荷。头部的作用是将燃气-空气混合物均匀地分布到火孔上，并进行稳定和完全燃烧。

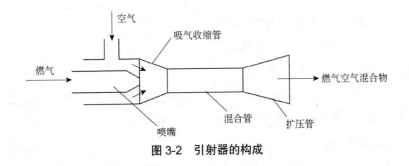

图 3-2　引射器的构成

十、燃气互换性

1. 互换性

有一定规模的城市，都有多种燃气气源满足城市供给的需要，所以就要研究燃气性质的改变对燃烧用具产生的影响。因为任何燃具都是按特定燃气成分设计的，当燃气成分发生变化而导致其热值、密度和燃烧特性发生变化时，燃具燃烧器的热负荷、燃烧稳定性、火焰结构、烟气中一氧化碳的含量等燃烧工况就会改变。而千家万户的民用燃具不可能全部更换。所以互换性问题就十分重要。

设某一燃具以 a 燃气为基准进行设计，由于某种原因要以 s 燃气置换 a 燃气，如果燃烧器此时不加任何调整而能保证燃具正常工作，则表示 s 燃气可以置换 a 燃气，或称 s 燃气对于 a 燃气而言具有"互换性"。a 燃气称为"基准气"，s 燃气称为"置换气"。但是，互换性并不一定是可逆的，即 s 燃气能置换 a 燃气，并不代表 a 燃气一定能置换 s 燃气。

2. 华白数

在互换性问题刚产生时，我们所使用的一个判定指数是华白数。

$$W = \frac{H}{\sqrt{S}}$$

式中，W——华白数，或称热负荷指数；

H——燃气热值，kJ/Nm³；

S——燃气相对密度，kg/m³。

华白数是代表燃气特性的参数。如果有两种燃气的热值和密度均不相同，但只要两种燃气的华白数相等，就能在同一燃气压力下和同一燃具上获得同一热负荷。

随着燃气气源种类的增多，出现了很多燃烧特性差别较大的两种燃气的互换性问题。此时就不能单凭华白数来判定互换性。

十一、燃气用具

1. 燃气用具的热负荷

在使用额定压力的基准气情况下，燃气用具在单位时间内放出的热量称为燃气用具的热负荷，单位是 kW。额定热负荷必须保证燃烧器的有效热量能满足加热工艺的要求。例如，做蛋糕的燃具可以将蛋糕烤熟，并且使其外形好看。

2. 热效率

燃气用具的热效率就是有效利用的热量占燃气燃烧放出热量总和的百分比。

但就节能而言，热效率越高越好。但热效率的提高会导致燃具成本的提高，另外不得不考虑热效率的提高对一氧化碳排放量的影响。家用燃气台式灶的热效率要大于55%，家用嵌入式燃气灶热效率要大于50%。

3. 燃烧势

燃烧势是反映燃气用具燃烧状态的燃气特性参数。它既反映燃烧速度对离焰、回火的影响，也反映火焰长度对烟气中一氧化碳含量的影响。

4. 燃气产物的卫生指标

燃气用具排放的烟气中还有一氧化碳、氮氧化物等对人体和环境有害的成分，应对其含量加以限制。

5. 易用性

燃气用具需要在易用性上进行设计，易于日常操作。

6. 安全性

对于燃气用具的气密性有严格要求，燃气用具要有安全保护装置。例如，家用燃气灶必须要有熄火保护装置，还要注意燃具各部位表面温度的规定。

十二、燃具的通风与排烟

现行行业标准《室内空气质量标准》（GB/T 18883）中对二氧化碳、一氧化碳、二氧化氮等气体的含量都提出了明确的要求。

对于安装燃气用具的房间，通风换气的情况取决于房间内燃气用具的热负荷，其目的就是提供足够的氧气和保证有害烟气顺利排出。

1. 相关术语

现行行业标准《家用燃气燃烧器具安装及验收规程》（CJJ 12）中的专业术语有：

1）家用燃气燃烧器具是以城镇燃气为燃料的家庭烹调、热水和热水采暖等燃烧装置的总称，简称燃具。

2）敞开式（A 型）燃具：燃烧用的空气来自室内，烟气也排放在室内的给排气方式。

3）半密闭式（B 型）燃具：燃烧用的空气来自室内，烟气通过排气管排到室外的给排气方式。分自然排气式和强制排气式两种。

4）密闭式（C 型）燃具：燃烧用的空气通过给气管来自室外，烟气通过排气管排到室外，整个燃烧系统与室内隔开的给排气方式。分自然给排气式和强制给排气式。

5）自然排气式：烟气通过排气管或给排气管依靠自然通风排到室外的方式。

6）强制排气式：烟气通过排气管或给排气管依靠风机排到室外的方式。

7）排气道：用排烟罩强制排气方式排除敞开式燃具工作时排放在环境中的烟气、油气等废气的排气通道系统。

8）烟道：用于排除半密闭式燃具燃烧烟气的排烟通道系统。按排烟形式分为独立烟道（适用 1 台燃具）和公用烟道（适用 2 台及以上燃具）两种。

按烟道的结构形式分为水平烟道和垂直烟道。与燃具同步安装的一般称为排气筒和排气管，与建筑物同步安装的一般称为烟囱或烟道。

9）给排气烟道：用于供给燃烧空气和排出烟气的密闭式燃具专用的给排气通道，分独立给排气烟道（适用 1 台燃具）和共用给排气烟道（适用多台燃具）两种。

2. 排烟

现行行业标准《家用燃气燃烧器具安装及验收规程》（CJJ 12）中的一些规定：

1）住宅中应预留燃具的安装位置，并应设置专用烟道或在外墙上留有通往室外的孔洞。安装敞开式燃具时，室内容积热负荷指标超过 207 W/m³ 时应设置换气扇、吸油烟机等强制排气装置。有直通洞口的毗邻房间的容积也可以一并作为室内容积计算。

2）安装半密闭式燃具时，应采用具有防倒烟、防串烟和防漏烟结构的烟道排烟。安装密闭式燃具时，应采用排气管排烟。燃烧产生的烟气应排至室外，不得排入封闭的建筑物走廊、阳台等位置。

在实际生活中，我国灶具和热水器等燃具的烟管多数通过穿墙水平排放。我国住宅多数为多层或高层，多数燃具烟管高位安装在本层门窗洞口的上方，即安装在上层住宅门窗洞口的下面，故上一层住宅的门窗洞口会有烟气进入的问题产生。对居住房间（卧室和起居室）参照英国、美国标准进行了严格的安全间距规定（1.2～1.5 m），这与英国、美国单层住宅不同。

通过相关资料可知，一般在凹形、"L"形住宅拐角处的厨房，当吸油烟机穿过外墙水平排气时，排气口距起居室 2.5 m 和卧室 5 m 处，其窗户开启时仍有油烟进入室内，味道较浓，说明外排烟气能否进入室内，光靠安全间距是不行的，与影响烟气安全扩散的建筑形状以及室外空气能否向四面流通有直接关系。

我国燃具多数安装在厨房或与厨房相连的阳台内，属于非居住房间，一般在居住房间的一侧，故其规定的最小净距能够做到。

现行行业标准《城镇燃气设计规范》（GB 50028）中关于燃烧烟气排除的一些规定：

家用灶具和热水器（或采暖炉）应分别采用竖向烟道进行排气。

浴室用燃气热水器的给排气口应直接通向室外，其排气系统与浴室必须有防止烟气泄漏的措施。

商业用户厨房中的燃具上方应设排气扇或排气罩。

燃气用气设备的排烟设施应符合下列要求：

1）不得与使用固体燃料的设备共用一套排烟设施。

2）每台用气设备宜采用单独烟道；当多台设备合用一个总烟道

时，应保证排烟时互不影响。

3）在容易积聚烟气的地方，应设置泄爆装置。

4）应设有防止倒风的装置。

5）从设备顶部排烟或设置排烟罩排烟时，其上部应有不小于 0.3 m 的垂直烟道方可接水平烟道。

6）有防倒风排烟罩的用气设备不得设置烟道闸板；无防倒风排烟罩的用气设备，在至总烟道的每个支管上应设置闸板，闸板上应有直径大于 15 mm 的孔。

7）安装在低于 0℃ 房间的金属管道应做保温。

3. 水平烟道的设置要求

1）水平烟道不得通过卧室。

2）居民用气设备的水平烟道长度不宜超过 5 m，弯头不宜超过 4 个（强制排烟式除外）；商业用户用气设备的水平烟道长度不宜超过 6 m；工业企业生产用气设备的水平烟道长度，应根据现场情况和烟囱抽力确定。

3）水平烟道应有大于或等于 0.01° 坡向用气设备的坡度。

4）多台设备合用一个水平烟道时，应顺烟气流动方向设置导向装置。

5）用气设备的烟道距难燃或不燃顶棚或墙的净距不应小于 5 cm。距燃烧材料的顶棚或墙的净距不应小于 25 cm（有防火保护时，其距离可适当减小）。

4. 烟囱的设置要求

烟囱设置应符合以下要求：

1）住宅建筑的各层烟气排出可合用一个烟囱，但应有防止串烟的措施；多台燃具公用烟囱的烟气进出口处，在燃具停用时静压值应小于等于零。

2）当用气设备的烟囱伸出室外时，其高度应符合下列要求：

①当烟囱离屋脊小于 1.5 m 时（水平距离），应高出屋脊 0.6 m。

②当烟囱离屋脊 1.5～3.0 m 时（水平距离），烟囱可与屋脊等高。

③当烟囱离屋脊的距离大于 3.0 m 时（水平距离），烟囱应在屋脊水平线下 10º 的直线上。

④在任何情况下，烟囱应高出屋面 0.6 m。

⑤当烟囱的位置临近高层建筑物时，烟囱应高出沿高层建筑物 45º 的阴影线。

⑥烟囱出口的排烟温度应高于烟气露点 15℃ 以上。

3）烟囱出口应有防止雨雪进入和防倒风的装置。

4）用气设备排烟设施的烟道抽力（余压）应符合下列要求：

①热负荷 30 kW 以下的用气设备，烟道的抽力（余压）不应小于 3 Pa。

②热负荷 30 kW 以上的用气设备，烟道的抽力（余压）不应小于 10 Pa。

③工业企业生产用气工业炉窑的烟道抽力，不应小于烟气系统总阻力的 1.2 倍。

5）排气装置的出口位置应符合下列规定：

①建筑物壁装的密闭式燃具的给排气口与上部窗口和下部地面的距离不得小于 0.3 m。

②建筑物壁装的半密闭式燃具的排气口与门窗洞口和地面的距离应符合下列要求：

a. 排气口在窗的下部和门的侧部时，与相邻卧室的窗和门的距离不得小于 1.2 m，与地面的距离不得小于 0.3 m。

b. 排气口在相邻卧室的窗的上部时，与窗的距离不得小于 0.3 m。

c. 排气口在机械（强制）进风口的上部，且水平距离小于 3.0 m 时，与机械进风口的垂直距离不得小于 0.9 m。

第二节 燃气灶的安装、调试

一、家用燃气灶具概述

燃气灶具是含有燃气燃烧器的烹调器具的总称，包括燃气灶、燃气烤箱、燃气烘烤器、燃气烤箱灶、燃气烘烤灶、燃气饭锅、气电两用灶具。燃气灶是用本身带的支架支撑烹调器皿，并用火直接加热烹调器皿的燃气燃烧器具。我们平常说的台式灶、嵌入式灶具指的是燃气灶，简称"灶"。

一般家用燃气灶单个燃烧器标准额定热流量在 2.91～5.23 kW（2 500～4 500 kcal/h）。烤箱和烘烤器的标准额定热流量小于 5.82 kW（5 000 kcal/h），饭锅每次焖饭的最大稻米量在 4 L 以下，标准额定热流量小于 4.19 kW（3 600 kcal/h）。

1. 燃气灶具的分类

1）按使用燃气种类，可分为人工煤气灶、天然气灶、液化石油气灶。灶具前额定供气压力见表 4-1。

2）按灶眼数分：单眼灶、双眼灶和多眼灶。

3）按功能分：灶、烤箱灶、烘烤灶、烤箱、烘烤器、燃气饭煲、气电两用灶具。

4）按结构形式分：台式、嵌入式、落地式、组合式、其他形式。

5）按加热方式分：直接式、半直接式、间接式。

2. 燃气灶具（图 3-3）的概念

燃气烤箱：是食品放在固定容积的箱内（加热室），以对流热和辐射热对食品进行半直接或间接加热的燃气燃烧器具，简称"烤箱"。

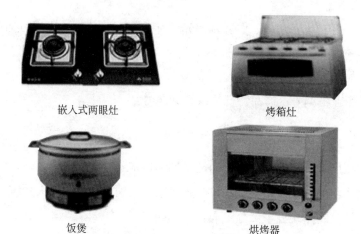

嵌入式两眼灶　　　　　　　　烤箱灶

饭煲　　　　　　　　　　烘烤器

图 3-3　燃气灶外观

燃气烘烤器：是用火直接烘烤食品的敞开式燃气燃烧器具，简称"烘烤器"。

燃气烤箱灶：是将烤箱与灶组合在一起的燃气燃烧器具，简称"烤箱灶"。

燃气烘烤灶：是将烘烤器和灶组合在一起的燃气燃烧器具，简称"烘烤灶"。

气电两用灶：是将燃气灶具和电灶（包括电磁灶）组合在一起，能单独或同时使用燃气和电能加热的两用灶具。

3. 家用燃气灶的型号编制（图 3-4）

代号：JZ——家用燃气灶；JH——家用燃气烘烤器；JK——家用燃气烤箱；JKZ——家用燃气烤箱灶；JF——家用燃气饭锅。

图 3-4　家用燃气灶的型号编制

燃气种类：R、T、Y 分别表示人工煤气、天然气、液化石油气。

气电两用灶：由燃气灶具类型代号和带电能加热的灶具代号组成，如 JZD。

企业自编号：产品特征号或设计序号。

4. 家用燃气灶结构（图 3-5）

家用燃气灶的结构随着功能增加和技术不断改进日趋复杂，但从其整体结构看还是由供气系统、燃烧系统、辅助系统、点火系统和安全自动控制系统五个部分组成。

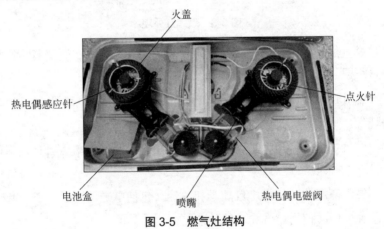

火盖

热电偶感应针

点火针

电池盒

喷嘴

热电偶电磁阀

图 3-5 燃气灶结构

（1）供气系统

供气系统主要包括供气管、灶开关，供气管输送燃气给左、右两个燃烧器，灶开关直接控制燃气进入喷嘴的开与闭。对供气系统的要求是经久耐用，密封性能可靠，开关灵活。其中燃气阀是燃具的一个重要部件。它的作用是控制燃气通路的开、闭，并控制燃气量。要求它密封性能好，经久耐用，材质一般为铝合金和黄铜。输气管的作用是输送燃气至喷嘴，要求密封性能好、变形小、加工简单，常用紫铜管制作。

（2）燃烧系统

燃烧系统是家用灶的主要部分，燃气通过燃烧系统可以稳定、安全有效地燃烧。燃烧器是燃烧系统的重要组件之一，燃烧器是保证家用燃气灶具具有良好燃烧状况的重要部件。现家用灶一般采用大气式燃烧器。燃烧系统主要由引射器、喷嘴、炉头、火盖、调风板和一次空气进口组成。

（3）辅助系统

辅助系统是指灶具的框架、灶面、锅支架、灶脚、灶面装饰板、铭牌等。辅助系统的结构要求是有一定的强度，加工方便，灶体、灶面美观大方。

锅支架：合理的锅架高度设计可以节省煤气，还可以防止空气不足带来的不完全燃烧现象。

（4）点火系统

点火系统包括点火器和点火燃烧器，现采用的点火器有压电陶瓷火花点火器和连续脉冲电火花点火器。

（5）安全自动控制系统

安全自动控制系统是指燃气燃烧装置、用具及其他装置由于故障、使用条件变化或错误操作时，能防止发生事故的装置。

5. 燃气灶的质量检查

燃气灶质量的检查，从以下几方面进行：

1）检查所选灶具是否适合使用的气源。灶具的各种标示是否齐全，有无生产许可证编号等。

2）开箱检查外观是否完好，有无磕碰、划伤等缺陷，随机配件是否齐全，有无合格证、安装使用说明书等。外观检查中可以通过灶具铭牌来识别灶具的一些信息，如每个炉头的热负荷、灶具生产日期等（国家规定天然气灶具使用年限是 8 年）。

3）操作部位需要开关方便，灵活，火力调节方便。新购买的灶具要核对好发票信息，并小心检查灶具外壳情况有无破损、损坏，有无缺少配件，再进行安装。注意：新购买的灶具边缘比较锋利，容易造成划伤。

二、燃气灶的安装

根据现行国家标准《城镇燃气设计规范》（GB 50028）及现行行业标准《家用燃气燃烧器具安装及验收规程》（CJJ 12），家用燃气灶的设置应符合下列要求：

1）设置灶具的房间应符合下列要求：

①设置灶具的厨房应设门并与卧室、起居室隔开。

②设置灶具的房间净高不应低于 2.2 m。

2）灶具的安装位置（图3-6）应符合下列要求：

①灶具与墙面的净距不应小于 10 cm。

②灶具的灶面边缘和烤箱的侧壁距木质门、窗、家具的水平净距不得小于 20 cm，与高位安装的燃气表的水平净距不得小于 30 cm。

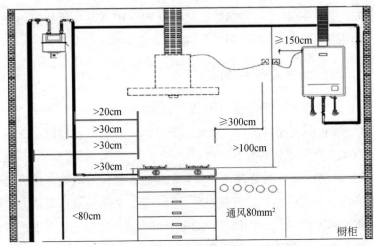

图 3-6　灶具的安装

③灶具的灶面边缘和烤箱的侧壁距金属燃气管道的水平净距不应小于 30 cm，距不锈钢波纹软管（含其他覆塑的金属管）和铝塑复合管的水平净距不应小于 50 cm。

④采取有效措施后可适当减小净距。

⑤灶具与其他部位的间距可按现行行业标准《家用燃气燃烧器具安装及验收规程》（CJJ 12）第 4.8 节的规定执行。

3）放置灶具的灶台应采用不燃材料，当采用难燃材料时，应设防火隔热板。与燃具相邻的墙面应采用不燃材料，当为可燃或难燃材料时，应设防火隔热板。

4）厨房为地上暗厨房（无直通室外的门或窗）时，应选用带有自动熄火保护装置的燃气灶，并应设置燃气浓度检测报警器、自动切断阀和机械通风设施，燃气浓度检测报警器应与自动切断阀和机械通风设施连接。

5）燃气灶台的结构尺寸应便于操作，并应符合下列要求：

①台式燃气灶的灶台高度宜为 70 cm，嵌入式燃气灶的灶台高度宜为 80 cm。

②嵌入式燃气灶的灶台应符合说明书要求，灶面与台面应平稳贴合，其连接处应做好防水密封。

③嵌入式燃气灶灶台下面的橱柜应开设通气孔，通气孔的总面积应根据灶具的热负荷确定，宜按每千瓦热负荷取 10 cm² 计算（10 cm²/kW），但不得小于 80 cm²。

6）当 2 台或 2 台以上的燃气灶并列安装时，灶与灶之间的水平净距不应小于 50 cm。

7）灶具与燃气管的连接应符合下列要求：

①灶具前的供气支管末端应设专用手动快速式切断阀，切断阀处的供气支管应采用管卡固定在墙上。切断阀及灶具连接用软管的位置应低于灶具灶面 3 cm 以上。

②软管宜采用螺纹连接。

③当金属软管采用插入式连接时，应有可靠的防脱措施。

④当橡胶软管采用插入式连接时，插入式橡胶软管的内径尺寸应与防脱接头的类型和尺寸匹配，并应有可靠的防脱落措施。

⑤当采用橡胶软管连接时，其长度不得超过 2 m，并不得有接头，不得穿墙。橡胶软管连接时不得使用三通。

⑥燃具连接用软管的设计使用年限不得低于燃具的判废年限，燃具的判废年限应符合现行国家标准《家用燃气燃烧器具安全管理规则》（GB 17905）的规定，对不符合要求的燃具连接用软管应及时更换。

⑦灶具与燃气连接管安装后，应检验严密性，在工作压力下应无泄漏。

三、燃气灶的调试

1）检查燃气的种类和压力是否与燃具要求相匹配，燃具安装环境及关联的燃气设施是否存有安全隐患。

2）新安装燃具应与燃气管道系统一起进行气密性测试。测试步骤如下：

①关闭表前阀；

②打开所有燃具前阀；

③燃烧余气；

④选择合适的测压点，利用三通接驳或直接连接"U"形压力计测试；

⑤开启表前阀，使管道以供气压力充压并达到稳定压力；

⑥关闭表前阀；

⑦稳压 1 min，观测 2 min，压力不降为合格；

⑧若有泄漏，则应找出泄漏点并及时维修，修复后要重复上述测试工作来确保无压力下降。

3）逐个调试燃具的燃烧工况，确保燃具正常使用。

①点燃一个火孔要在 4 s 内传遍所有火孔，且无黄焰、回火、脱

火等现象。

②火焰形态：颜色呈淡蓝色，内外焰清晰。

③测试静压及灶前压力。

4）检查熄火保护装置，测试步骤如下：

①点燃灶具，电磁阀的开阀时间应≤10 s。

②关闭灶前阀，火焰熄灭，60 s 内听电磁阀闭合的声音（表明热电偶熄火保护装置已经启动）。

③打开灶前阀补压，压力不下降说明电磁阀正常。

④拆除压力计，置换空气。用测漏仪或肥皂水检查测压口是否漏气。

5）安装时所查阅的燃具说明书及与燃具有关的文件，须于投入运作后一并交给用户。

6）安装后告诉客户一些简单的操作常识：

①要将旋钮按压后再旋转，调小火时可以将旋钮旋转180°。

②如果是嵌入式灶具，在使用中点火针点火缓慢或者不点火时，检查电池是否没电。

③交付使用需要告诉客户在使用灶具的时候要注意开窗通风，使用完后要记住关闭灶具连接管前阀门，长时间不在家需要关闭燃气表前的阀门等。

第三节　燃气灶的检修

家用燃气灶在使用过程中会因燃气灶本身、燃气或使用不当的问题出现故障，一旦出现故障要及时检修排除，否则轻者影响燃气灶的热效率，浪费燃气，重者将造成中毒等恶性事故。燃气灶在使用过程中较常产生的故障有回火、离焰、脱火、黄焰、漏气和点不着火等。图 3-7 为以压电点火灶具为例说明故障寻查流程。

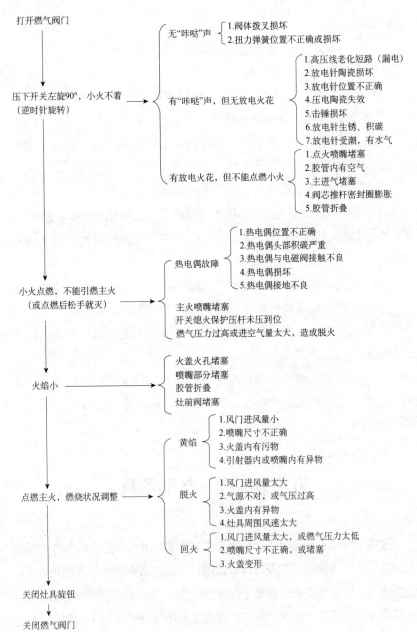

图 3-7 压电点火灶具故障寻查流程

第四节 集成灶

集成灶（图3-8、图3-9）是一种集吸油烟机、燃气灶、消毒柜、储藏柜等多种功能于一体的厨房电器，行业里亦称作"环保灶"或"集成环保灶"。集成灶具有节省空间、抽油烟效果好、节能低耗环保等优点。一般的集成灶吸油率达到95%，油烟吸净率越高，质量越好，有些品牌的集成灶油烟吸净率达到了99.95%的极限指标。

按照现行国家标准《家用燃气灶具》（GB 16410）的要求，集成灶应符合以下标准：

1. 集成灶的结构

1）集成灶在使用状态下应具有唯一的燃气进口，并使用管螺纹。

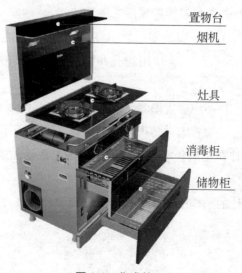

置物台
烟机
灶具
消毒柜
储物柜

图3-8 集成灶

图 3-9 燃气用户内集成灶

2）集成灶的燃气导管（包括点火燃烧器燃气导管）应设在不过热和不受腐蚀的位置。

3）集成灶的燃气管路应采用金属管连接。

4）集成灶上用于安装零部件的螺孔、螺栓过孔等不应开在燃气通路上；除测量孔外，其他用途孔和燃气通路之间的壁厚不应小于1 mm。

5）集成灶内不应放置燃气钢瓶。

6）集成灶应设置烟道防火安全装置。

7）集成灶在使用状态下，应有唯一的电源输入接口，其余备用接口应有效封闭。

8）集成灶的结构应避免燃气泄漏积存引起爆炸。

2. 集成灶吸排油烟装置要求

1）吸排油烟装置要求应符合现行行业标准《吸油烟机》（GB/T 17713）中5.2、5.7的规定。

2）集成灶单独运行吸排油烟装置噪声要求应符合现行行业标准《吸油烟机》（GB/T 17713）中表 3 的规定。

3. 集成灶的材料要求

1）吸烟口应采用耐温大于 500℃的材料。

2）风机入口到风机出口的部件应采用耐温大于 350℃的材料。

3）玻璃盖板应为钢化玻璃。

4）排烟装置宜采用金属材料，当采用其他材料时应采用阻燃材料。

5）导油管应采用耐油、阻燃材料。

第四章

燃气热水器

燃气热水器就是用燃气燃烧放出的热量来加热水的设备,是一种小型的热力设备。燃气在燃烧室内完全燃烧并产生高温烟气。高温烟气流经换热器时,把冷水加热为所需的卫生热水。

家用燃气热水器作为一款大功率的家用燃气燃烧器具,其安装直接关系到热水器的正常运行和安全使用。在安装过程中需要遵守现行行业标准《城镇燃气设计规范》(GB 50028)、《家用燃气燃烧器具安装及验收规程》(CJJ 12)、《城镇燃气室内工程施工及验收规范》(CJJ 94)、《家用燃气快速热水器》(GB 6932)、《燃气燃烧器具安全技术条件》(GB 16914) 等,除此之外,还要严格按照厂家的安装说明书的要求进行安装。

第一节 燃气热水器的分类

一、热水器的分类

1) 热水器可根据使用燃气种类、安装位置或给排气方式、用途、供暖热水系统结构形式进行分类。

按使用燃气的种类可分为人工煤气热水器、天然气热水器、液化石油气热水器。各种燃气的分类代号和额定供气压力，见表4-1。

表4-1　灶具前额定燃气供气压力

燃气类别	代号	灶具前额定燃气供气压力 / Pa
人工煤气	3R、4R、5R、6R、7R	1 000
天然气	3T、4T	1 000
	10T、12T	2 000
液化石油气	19Y、20Y、22Y	2 800

注：对特殊气源，如果当地标称的额定燃气供气压力与本表不符，使用当地标称的额定燃气供气压力。

2）按安装位置或给排气方式分类，见表4-2。

表4-2　按安装位置或给排气方式分类

名称		分类内容	简称	代号
室内型	自然排气式	燃烧时所需空气取自室内，用排气管在自然抽力作用下将烟气排至室外	烟道式	D
	强制排气式	燃烧时所需空气取自室内，用排气管在风机作用下强制将烟气排至室外	强排式	Q
	自然给排气式	将给排气管接至室外，利用自然抽力进行给排气	平衡式	P
	强制给排气式	将给排气管接至室外，利用风机强制进行给排气	强制平衡式	G
室外型		只可以安装在室外的热水器	室外型	W

3）按用途分类，见表4-3。

表4-3　按用途分类

类别	用途	代号
供热水型	仅用于供热水	JS
供暖型	仅用于供暖	JN
两用型	供热水和供暖两用	JL

4）按供暖热水系统结构形式分类，见表 4-4。

表 4-4　按供暖热水系统结构形式分类

循环方式	分类内容	代号
开放式	热水器供暖循环通路与大气相通	K
密闭式	热水器供暖循环通路与大气相通	B

在此着重讨论一下燃气热水器按照给排气方式的分类（图 4-1）。我们要考虑 2 个主要问题：①燃烧所需的空气从哪里来，室外还是室内；②燃烧后产生的烟气排在哪里，室内还是室外，如何排，是自然排除还是用风机排出。

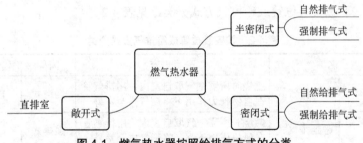

图 4-1　燃气热水器按照给排气方式的分类

燃气热水器的任务是将燃气完全燃烧，并使燃烧产生的热量加热进入热水器的冷水。热水器出口的热水，可以供洗浴，也可以作为建筑物采暖的热源。热水器除了从燃气管道接收燃气以外，还要吸取足够的燃烧需要的空气，与此同时它还要排出一定量的燃烧产物——烟气。烟气是燃气燃烧后的气体，它除了含有二氧化碳和水蒸气外，还含有少量的有毒气体，如一氧化碳和氮氧化物。

热水器需要的燃气由燃气管道供给，而燃烧所需要的空气，一般吸取热水器周围的大气，或通过专用的管道吸取室外空气。燃气燃烧后含有有害气体的烟气，需要采取有效的措施排出室外。至于量的大小，与热水器的热负荷有关。

　　另外，建筑物有供给空气与排出烟气的任务。需要安装燃气热水器的建筑物必须考虑供给热水器足够的空气，同时还要有热水器产生的烟气排出室外的措施。燃烧所需的空气与燃烧后的烟气量相当大，一个功率为 15 kW 的热水器需要供应的空气和需要排出的烟气，每小时 15～20 m³。如果空气供应不足就会恶化燃烧效果，如果烟气排不出而漏入室内，就会造成人身伤亡事故。

　　由此可见，燃气热水器的排放烟气与吸取空气都与热水器安装的建筑物有密切的关系。

　　直排式燃气热水器燃烧所需的空气取自室内，燃烧后产生的烟气直接排到室内，只允许 5 L 以下机型采用这种方式。虽然直排式燃气热水器功率小（图 4-2），但是使用时仍存在危险性（图 4-3），使用时一定要注意室内的通风，且严禁安装在浴室内。在国外，一般只安装在厨房内用来洗手。在我国，1999 年 4 月，当时的国家轻工业局和国家国内贸易局已联合发文禁止生产、销售浴用直排式燃气热水器，对生产的非浴用直排式燃气热水器，规定必须在产品上加贴警示性标签，说明该产品禁止浴用。

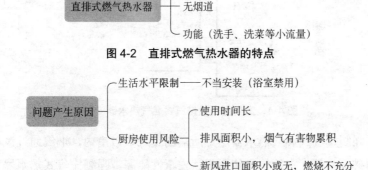

图 4-2　直排式燃气热水器的特点

图 4-3　直排式燃气热水器存在危险性分析

自然排气式（烟道式）热水器（图 4-4）燃烧所需的空气取自室内，

烟气则通过排气管（机内无风机）自然排出室外，属于半密闭式。此种燃气热水器不使用市电，用干电池点火，停电时也可使用。此种热水器一定要正确安装排烟设施。由于遇到刮风天气，容易发生烟气倒灌现象，所以在燃气热水器中，自然排气式热水器发生中毒的事故最多。上海市已于2000年年底发文，禁止自然排气式（烟道式）燃气热水器在上海市场销售。2003年，深圳市也采取了同样的措施。

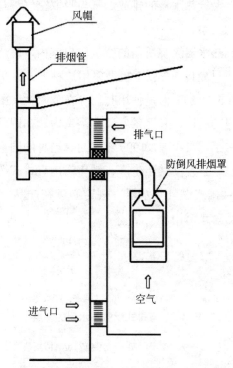

图4-4　室内型自然排气式燃气热水器安装

　　强制排气式燃气热水器燃烧所需的空气取自室内，烟气通过风机强制排出室外，它的抗风能力强、安全性能高。强制排气式热水器又分为鼓风式和引风式（图4-5）。鼓风式的风机在热水器下部风机所处的环境温度低，对耐温要求低。同时，从风机口到排烟口均呈现正压，因此对结构整体的密封要求比较高。引风式的风机放在上面,所处环境温度低,有较高的耐温要求,但对结构整体密封的要求比鼓风式低(注意排气管不得安装在楼房的换气风道及公用烟道上)。

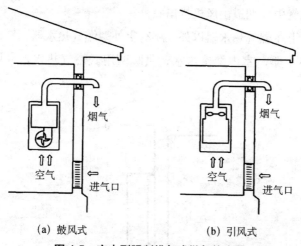

(a) 鼓风式　　　　　　　(b) 引风式

图 4-5　室内型强制排气式燃气热水器

室内型燃气热水器分为自然给排气式燃气热水器和强制给排气式热水器两种(图 4-6)。

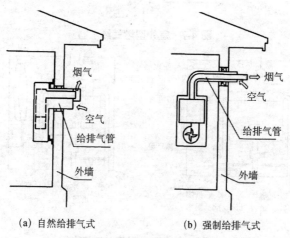

(a) 自然给排气式　　　　　(b) 强制给排气式

图 4-6　室内型燃气热水器

　　自然给排气式（平衡式）燃气热水器有双层烟道，燃烧所需的空气由外烟道自然抽入，烟气由内烟道自然排出室外。强制给排气式（强制平衡式）燃气热水器有双层烟道，燃烧所需的空气由外烟道用风机抽入，烟气由内烟道由风机排出室外。

　　除了上述燃气热水器以外，还有室外型燃气热水器，室内型供暖式燃气热水器，室内型供热水、供暖两用式燃气热水器（图 4-7～图 4-9）。

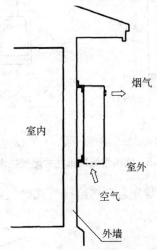

图 4-7　室外型燃气热水器

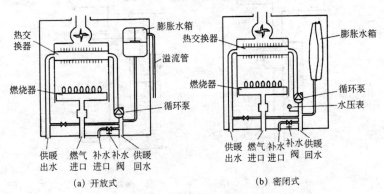

(a) 开放式　　　　　　　　　(b) 密闭式

图 4-8　室内型供暖式燃气热水器

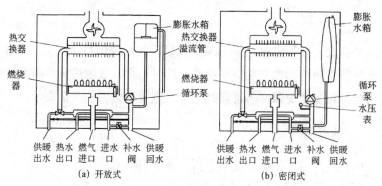

图 4-9　室内型供热水、供暖两用式燃气热水器

二、热水器的型号

1. 热水器型号编制

热水器的型号编制主要由代号、安装位置或给排气方式、主参数、特征序号组成（型号中出现的字符全部采用大写字符）。

2. 代号

JS——用于供热水的热水器；

JN——用于供暖的热水器；

JL——用于供热水和供暖的热水器。

3. 安装位置或给排气方式

D——自然排气式；

Q——强制排气式；

P——自然给排气式；

G——强制给排气式；

W——室外型。

4. 主参数

主参数采用额定热负荷（kW）取整后的阿拉伯数字表示。两用型热水器若采用两套独立燃烧系统并可同时运行，额定热负荷用两套系统热负荷相加值表示；不可同时运行，则采用最大热负荷表示。

5. 特征序号

由制造厂自行编制，位数不限（图 4-10）。

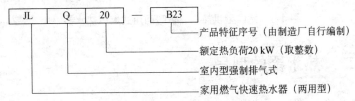

图 4-10　制造厂特征序号编制

三、热水器的构成

1. 热水器的组成

热水器主要由燃气管路及燃烧系统、水路及热交换系统、点火装置、给排气系统、点火系统、控制电路及安全装置组成（图 4-11）。

图 4-11　强制排气式燃气热水器内部结构

1）燃气管路及燃烧系统主要包括：燃气阀、电磁阀、比例阀、燃气稳压器、喷嘴、燃烧器等；

2）水路及热交换系统主要包括：水阀、水调压器、水流转子、热交换器（燃烧室）、泄压阀等；

3）点火系统主要包括：脉冲点火器、点火针等；

4）给排气系统主要包括：燃烧风机、防倒风板、给排气管等；

5）控制电路及安全装置主要包括：控制器、显示器、熄火保护、过热保护、温度保护等。

2. 热水器总体结构要求

1）热水器及其部件在设计制作时应考虑到安全、坚固和经久耐用，整体结构稳定可靠，在正常操作时不应有损坏或影响使用的功能失效。

2）热水器各部位使用的连接件（如螺栓等）应坚固、牢靠，并能方便地固定在墙上或地面上，使用中不得松动。

3）燃气入口接头及进、出口接头与外壳之间应进行可靠的固定。

4）整机设计应易于清扫和维修，手可能接触的部位表面应光滑，必须拆卸的部位应能用一般工具拆卸。

5）热水器壳体应设计有观火孔，用于目测观察小火燃烧器和主火燃烧器的工作状况。不设观火孔的热水器，控制电路应有主火燃烧器工作状况的监视功能，并能给出必要的指示信号。

6）热水器外壳平整匀称，经表面处理后不应有喷涂不均、皱纹、裂痕、脱漆、掉瓷及其他明显的外观缺陷。

3. 燃气管路系统要求

1）燃气管路（包括小火燃烧器供气导管）不应安装在过热和易腐蚀的地方，否则应采取保护措施。

2）管路系统上的所有管道、阀门、配件及连接处均应有良好的密封。

3）燃气入口接头应采取管螺纹连接。

4）热水器宜设置燃气稳压装置，稳压装置出口处应设置二次测压口，其稳压性能应符合规定。

5）燃气喷嘴与燃烧器的引射器的相对位置应固定，并能使用常用工具拆卸或安装。

4. 燃烧系统

1）主火燃烧器采用任何加工方法制造时应不影响使用性能。

2）燃烧器火孔尺寸应符合设计要求。所有组件在正常运行和运输过程中，应不发生影响使用的松动和变形。

3）与燃烧系统有关的部件，如燃烧器、燃烧室、点火装置和安全装置等相互间的位置应固定，在正常使用中应不松动或脱落。

5. 水路系统

1）水路系统的管道、阀门、配件及连接部位应不漏水，其密封性能应符合规定。

2）进水口和出水口应采用管螺纹连接，其强度应能承受热水器耐压试验压力和热水温度的作用。连接件应能使用常用工具拆卸，拆装时应不影响其密封性能。

3）水阀应操作灵活、准确，采用旋转操作的阀门，逆时针为"开"的方向。

4）采用排水阀作为防冻装置时，应能用手或常用工具方便地进行拆装。

6. 启动控制

1）热水器应设置水气联动装置，其性能应满足设计要求，动作灵活可靠。有控制电路的热水器也可以采用启动控制装置将水流信号转换为控制电路的工作启动信号。

2）采用水气联动装置时应将水路和气路严格分开，当水隔膜和密封件损坏发生漏水时也不会使水进入燃气系统。

3）当启动控制装置失灵时，燃气阀门应不处于开启状态。

7. 点火装置

1）点火装置应坚固耐用，并应设置在不易损坏的位置。

2）电点火装置的两个电极之间的间隙、电极与引火燃烧器之间、主火燃烧器与引火燃烧器火孔间的位置应准确固定，在正常使用状态下不应松动。

3）高压带电部件与非带电金属部位之间的距离应大于点火间隙，点火操作时不应发生漏电，手可能接触的高压带电部位应进行良好的绝缘。

4）采用干电池作电源和用电热丝作点火源时，干电池及电热丝等易损件应易于更换。

8. 控制电路系统

1）电路系统的元器件和设线应设置在远离发热部件处。

2）当采用电点火装置时，应保证先点火燃烧后打开燃气阀门。

3）热水器设置再点火装置时，在一次点火不成功以后，应自动关闭燃气阀门，然后进行再点火。

4）控制电路应设计成发生故障时具有安全中断功能。无论某一个电子元器件产生任何故障，都不会使热水器产生漏电、着火和燃气外泄等不安全现象。

9. 特殊结构

1）防倒风排气罩。

2）排气管。

3）给排气管。

4）遥控装置。

10. 安全装置

1）应有熄火保护装置或再点火装置。熄火保护装置感应元件和回路发生故障时应确保阀门不会自动开启。有再点火装置时，再点火失败后应立即关闭燃气阀门，并确保不再自动开启。

2）应有防过热安全装置。

3）强制排气式热水器应设置烟道堵塞安全装置和风压过大安全装置。

4）室外型热水器应设立自动防冻安全装置。

5）各水路系统应设置泄压安全装置（开放式供暖水路系统除外）。

6）当燃烧室为正压时，应设置燃烧室损伤安全装置。

四、热水器的工作原理

1. 热水器的热水产率

热水产率就是产热水的能力：燃气为基准气，燃气压力为额定压力，热水器在最大热负荷状态下，供水压力在 0.1 MPa 时，温升折算到 25℃时每分钟流出的热水量。

计算公式：

$$G=V(t_2-t_1)/25T$$

式中，G——热水产率，L/min；

V——热水出水量，L；

t_2——出水温度，℃；

t_1——进水温度，℃；

T——流出热水量 V 的时间，min。

在与用户沟通的场合，我们可以这样解释，在将热水器温度提高25℃情况下，热水器能流出多少升热水。如10 L的热水器，如果燃气条件及供水水压等都符合要求，当进水温度为20℃，要求出水温度为45℃时，它每分钟能产出10 L热水。

同样是这台热水器，到了冬天，若进水温度降至5℃，这时如果要求热水温度为45℃，按照上述公式计算，每分钟就只能产出6.25 L热水。这就意味着必须关小水的流量，才能保证出水量。

2. 热水器工作原理

燃气热水器包括水路、气路和控制电路等主要组成部分。目前燃气热水器的控制方法有水气联动控制方法及水气分开控制方法。水气联动控制在早期多采用机械式的方法，现在多采用压差式方法；水气分开控制则大多数采用水量传感器（水量开关）及燃气比例阀的方法。在此只论述压差式水气联动控制和水气分开控制的方法。

（1）压差式热水器的工作原理

在供水管中设一节流孔，将水气联动阀的水膜两侧腔分别接到节流孔前后位置上。当冷水流过节流阀时，薄膜两侧产生压差致使薄膜向左位移克服燃气阀的弹簧力顶开燃气阀盘，燃气进入主燃烧器燃烧；水流停止时节流孔前后压差消失，在弹簧力作用下关闭燃气阀。

压差式水气联动结构中的关键部件是文丘里管，它的原理就是在直管中，流体的速度是一样的。当截面积变小时，流速加快，截面积最小处速度最快。而在流体力学中有一条很重要的伯努利原理，即流速大、压力小。在管道直径变小时，流速加快，压力变小。

单位时间内流过文丘里管的水越多，则流经取压口时的速度越快，薄膜两侧的压差越大，通过连动杆使气阀开启的程度也就越大。可见这种水气联动阀使燃气进入燃烧器的流量随水量成正比变化，它保证了在热水器的热负荷范围内，热水器的温度基本稳定。在连动杆的右段有个水稳压器结构。当水压增高进水加大时，连动杆势必往左移动较多，但同时却又使水流往右侧腔内的入口变小。反之，水压降低，进水变小时，连动杆左移变小，将加大水流通往左侧腔的入口。因此，其在一定程度上有稳定水压的作用。

压差式水气联动控制内部结构如图 4-12 所示。

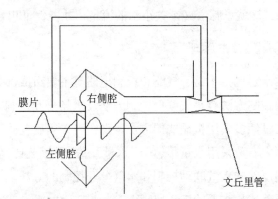

膜片　右侧腔　左侧腔　文丘里管

图 4-12　压差式水气联动控制内部结构

水气联动阀是连接水路和气路的重要部件，如果在关断水阀时连动杆不能退回或者取压口因脏物堵塞造成的水气联动阀失灵，主燃烧器仍继续燃烧，这样往往会把热交换器管内的水加热汽化，使出口喷出高温蒸汽而烫伤人体。更为严重的是，若热水器无过热保护装置，还会把热交换器烧穿。水气联动阀要避免燃气管道进水，为此，应从结构上把水路和气路严格分开，一般是在气动杆上加密封圈。

我国广东地区的一些燃气热水器生产厂家，它们的自然排气式和强制排气式热水器就采用了这种水气联动阀。

（2）水气分开控制燃气热水器控制原理

在进水阀和进气阀都打开，电源已接通的情况下，只要打开热水阀，水就通过水流量传感器进入热交换器中的加热水管。水流经水流量传感器，水流量传感器内部的磁性转子就转动，霍尔集成元件感应后会发出一连串的电脉冲，传到控制电路。为防止干烧，水流量传感器设置了判断程序，如果水流量足够，程序进入"初期检查"。这时对温度保险丝、防空烧开关、主气阀、风机和热水热敏电阻进行检查。如果正常，控制器才会发出指令给燃烧用风机通电，风机进行转动。在风机内部也有一个霍尔集成元件，利用电机本身的旋转磁场，感应发出一连串与风机转速相对应的电脉冲信号。这里也设置了一个判断程序，要求风机转速要达到规定的数值以上，才能进行下一步。

下面就是火焰棒的检测。通过后控制器打开点火器，打开主气阀，让比例阀到缓点火的位置，成功后，关闭点火器。燃气比例阀自动控制，燃烧继续（启用安全装置，才能使燃烧停止）。

关闭热水阀后，水流停止，水流量传感器脉冲信号消失。控制器通知燃气主气阀和燃气比例阀关闭，燃烧器中的火焰熄灭，但燃烧风机继续运转大约 70 s 后停止。这样烟气完全排出室外，又可让高温中的热交换器冷却下来，可防止再次开机时，停留在热交换器中的水温过高。

先启动风机后点火的另一个优点是如果有燃气泄漏进入燃烧室内，风机可将燃气排出，防止点火时发生爆燃。风机在热水器工作过程中的转速是自动变化的。

在开机的过程中，给燃烧风机通电后，要判断风机能否达到一定的转速。如果能达到，可以点火并打开气阀。如果达不到这个转速或者根本不转动，说明风机有问题，必须排除有关故障后，控制器才会发出点火指令。分析故障时，风机是否转动，或者转动是否正常，是一个首先要观察的重要的判断点。也就是说，如果风机不正常，不要盲目地在气路部分寻找故障，而应在风机和水路部分去找问题。

第二节 燃气热水器的安装、调试

一、热水器安装基本要求

家用燃气热水器的设置应符合以下要求：

1）燃气热水器应安装在通风良好的非居住房间、过道或阳台内。

2）有外墙的卫生间内，可安装密闭式热水器，但不得安装其他类型热水器。

3）装有半密闭式热水器的房间，房间门或墙的下部应设有效截面积不小于 0.02 m² 的格栅，或在门与地面之间留有不小于 30 mm 的间隙。

4）房间净高宜大于 2.2 m。

5）可燃烧或难燃烧的墙壁和地板上安装热水器时，应采取有效的防火隔热措施。

6）热水器的给排气筒宜采用金属管道连接。

7）强排式及强制给排式热水器排烟管的安装，除根据国家有关标准外，还要参考炉具生产厂家的安装要求。

8）与电力设施安全间距如表 4-5 所示。

表 4-5　燃气热水器与电力设施安全水平净距　　　单位：mm

名称	与燃气热水器的水平净距
明装的绝缘电线或电缆	30
暗装或管内绝缘电线	20
电插座、电源开关	15
电压小于 1 000 V 的裸露电线	100
配电盘、配电箱或电表	100

二、热水器安装通用要求

家用热水器安装应符合以下要求。

1）没有给排气条件的房间不得安装自然排气式和强制排气式热水器。

2）设置吸油烟机、排气扇等机械换气设备的房间及其相连通的房间，使用自然排气式热水器时不得开启。

3）浴室内不得安装半密闭式热水器。

4）安装处所的选择。下列房间和部位不得安装热水器：

①卧室、地下室、客厅。

②浴室（密闭式热水器除外）。

③楼梯和安全出口附近（5 m 外不受限制）。

④橱柜内。

⑤热水器安装处不能存放易燃、易爆及可产生腐蚀性气体的物品。

⑥热水器安装位置上方不得有明电线、电器设备、燃气管道，下方不能设置燃气烤炉、燃气灶等燃气具。

⑦热水器的安装部位应是用不可燃材料建造的，若安装部位是可燃材料或难燃材料时，应采用防热板隔热，防热板与墙的距离应大于10 mm。

⑧壁挂式热水器安装应保持垂直，不得倾斜。

三、设置给排气口的规定

1. 装有自然排气式热水器的房间应设给气口和排气口

1）给气口的面积应大于热水器排气管的截面积，其位置应设在室内高度 1/2 以下，能直通大气的地方。

2）排气口的截面积应大于排气管的截面积，其位置应设在尽量接近顶棚且远离排气管的能直通大气的外墙上。

3）按热水器的热负荷大小决定给排气口的面积。热水器的热负荷与给排气口的最小面积应符合现行国家标准《家用燃气快速热水器》（GB 6932）的规定。

2.给排气口的设置方式

直接设置给排气口，其位置与大小应符合现行国家标准《家用燃气快速热水器》（GB 6932）的要求。

四、排气管的安装

1.自然排气式热水器排气管的安装

1）自然排气式热水器的烟道不得安装强制排气式热水器及机械换气设备。

2）排气管的安装应符合图 4-12 中的要求。

3）排气管应有效地排除烟气，其截面积应大于与热水器连接部分的截面积，其他要求应符合下列规定。

①排气管的高度应以保证其抽力（真空度）不小于 3 Pa 为确定原则，一般不宜高于 10 m；

②排气管的水平部分长度宜小于 5 m，而且水平前端不得

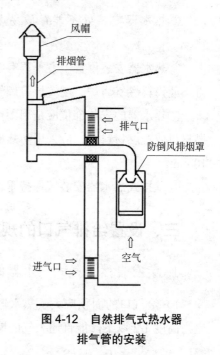

图 4-12 自然排气式热水器排气管的安装

朝下倾斜，必须有稍坡向热水器的坡度，并且在室外部分最下端设置排冷凝水的结构；

③排气管的弯头宜为 90°，弯头数不应多于 4 个；

④防倒风罩以上的排气管室内垂直部分不得小于 250 mm；

⑤排气管顶端必须安装有效的防风、雨、雪的风帽，其位置不应处于风压带内，它与周围建筑物及其开口的距离，以及防火安全距离应符合现行行业标准《家用燃气燃烧器具安装及验收规程》（CJJ 12）中的相关规定。

2. 强制排气式热水器的排气管安装

1）强制排气式热水器应使用随机附件的排气管部件，按产品说明书规定进行安装；

2）排气管穿墙部分与墙孔的间隙和排气管之间的连接处应密封，排气管连接处应牢固，不得泄漏烟气；

3）排气管安装时，应防止冷凝水倒流进热水器内；

4）排烟口与周围建筑物及其开口的距离，应符合现行行业标准《家用燃气燃烧器具安装及验收规程》（CJJ 12）中的相关规定。

五、单户住宅采暖和制冷系统

1）根据现行行业标准《城镇燃气设计规范》（GB 50028）的规定，单户住宅采暖和制冷系统采用燃气时，应符合下列要求：

①应有熄火保护装置和排烟设施；

②应设置在通风良好的走廊、阳台或其他非居住房间内；

③设置在可燃或难燃烧的地板和墙壁上时，应采取有效的防火隔热措施。

2）居民生活用燃具的安装应符合现行国家标准《家用燃气燃烧

器具安装及验收规程》（CJJ 12）的规定。

3）居民在选用生活用燃具时，应符合现行国家标准《燃气燃烧器具安全技术条件》（GB 16914）的规定。

4）安装热水器的步骤：

①安装准备：确定安装位置，根据说明书要求确定钻孔位置并钻孔，安装塑料胀销；确定排烟口并打孔。

②固定安装热水器。

③安装排烟管：连接部位应用螺钉固定并用铝箔封口。

④安装冷热水管，并通水试验检查有无漏水。

⑤安装燃气配管，并进行气密性测试。

⑥连接电源，试运行并进行调试。

5）热水器的调试

①检查燃气的种类和压力是否与燃具要求相匹配，燃具安装环境及关联的燃气设施是否存有安全隐患。

②新安装燃具应与燃气管道系统一起进行气密性测试。测试步骤如下：

a. 关闭表前阀；

b. 打开所有燃具前阀；

c. 排空；

d. 选择合适的测压点，利用三通接驳或直接连接"U"形压力计测试；

e. 开启表前阀，使管道以供气压力充压并达到稳定压力；

f. 关闭表前阀；

g. 待稳压 1 min，观测 2 min，压力不降为合格；

h. 若有泄漏，则应找出漏点并及时维修，修复后要重复上述测试工作来确保无压力下降；

i. 重接所有配件后，使用检漏仪或肥皂水检查所有接驳。

③打开热水龙头，聆听热水器启动时有没有爆燃声音或不正常燃烧声音；冷热水管是否漏水。

④调节水量控制阀或水温按钮，观察水流量、水温是否有变化。没有变化可能是热水器故障，可建议用户找燃具供应商跟进，如是公司代理的炉具应报告公司跟进；打开热水器面盖，调整水温至最高温度，用可燃气体检测仪测试内部燃气系统是否漏气；观察烟气能否正常排放至室外；关闭热水龙头，聆听热水器关闭时是否有噪声。

⑤如热水器安装完毕后仍没有燃气供应，则必须关闭燃气供应阀和燃具开关，并告知用户待燃气供应后由专业人员上门再做全面检查。在此期间，切勿私自接驳。

⑥安装时，所查阅的燃具说明书及与燃具有关的文件，须于投入运作后一并交给用户。

⑦安装后告诉客户一些简单的操作常识。

⑧交付使用需要告诉客户在使用灶具的时候要注意开窗通风，使用完后要记住关闭热水器连接管前阀门，长时间不在家需要关闭燃气表前的阀门等。

第三节　燃气热水器的检修

热水器在使用过程中会因热水器本身、燃气或使用不当的问题出现故障，一旦出现故障要及时检修排除，否则轻者影响热水器的热效率，浪费燃气，重者将造成中毒等恶性事故。

一、非故障情况

发生以下状况时，并非故障：

1. 排气口冒白烟

原因及处理方法：室外温度过低，排出的烟气遇到室外的冷空气凝结成白色状。

2. 热水量减少

原因及处理方法：供水温度太低。为了达到高温，器具搭载的自动水量控制装置自动调节冷水供应量。

3. 热水开得太小而变成冷水

原因及处理方法：热水开得太小，达不到启动水压，造成熄火而变成冷水，故使用时热水不要开得太小。

4. 冬天高温热水出不来

原因及处理方法：供水温度非常低而热水龙头全开时，可能会超过器具本身的供热能力。此时将热水器龙头关小即可。

5. 夏天低温热水出不来

原因及处理方法：供水温度较高、设定低温而热水龙头开得太小时，可能出来的热水温度过高，开大热水龙头，温度即可降下来。

6. 关闭热水龙头后，器具内风扇没有立即停止工作

原因及处理方法：为了再次使用时能立即点火，器具内的风扇会延时继续运转 62 s 后自动停止。

7. 使用过程中熄火

原因及处理方法：为了防止缺氧，连续使用 60 min 就会自动熄火。请关闭热水龙头，过一会儿再使用。

二、热水器故障及排除

1. 接通电源，按下"运行开关"无显示

（1）可能的故障原因

电源、机器电源线、保险丝、变压器、面板显示器、电子基板出现故障。

（2）故障的排查

1）使用万用表 ACV 档判断电源插座是否有 220 V 电压，并检查插座接地是否正确。

2）使用万用表通断档检查机器电源线是否完好，接地电阻是否小于 1 Ω，也可用万用表 ACV 档检查电子基板电源处是否用 220 V 电压。

3）检查电子基板上电流保险丝是否正常。

4）使用万用表电阻挡或 ACV 档检查变压器是否正常（内置变压器不需要）。

5）检查面板显示器连接线，采用替换法判断面板显示器或电子基板故障（能率系列、部分热水器可直接测量基板是否给面板显示器供电）。

2. 打开热水龙头机器不工作（无故障显示）

（1）可能的故障原因

水流量（水压）不足、水路系统堵塞、进水温度高于设定温度（恒温机器）、出水温度传感异常（恒温机器）、电子基板损坏、水流转子卡住、水流量传感器失灵等。

（2）故障排查

1）目测水流量，大部分恒温机器可以通过面板键组合查看实时水量。

2）水量过小时，检查水路系统可能的堵塞点。

3）判断设定温度是否低于实际出水温度，或判断出水温度传感器阻值是否正常，见表 4-6。

表 4-6　温度传感器的阻值　　　　　　　单位：kΩ

温度	15℃	30℃	45℃	60℃	105℃
电阻值	11.4～14.0	6.4～7.8	3.6～4.5	2.2～2.7	0.6～0.8

4）测量电子基板是否给传感器正常供电，水量传感器是否有反馈信号（图 4-13）。

工作电压　　　　　　反馈电压（未开水）　　　　反馈电压（开水后）

图 4-13　测量电子基板

第五章
▼
燃气设施的运行

第一节 燃气管路与气源置换处理

一、置换与放散

燃气设施停气动火作业前应对作业管段或设备进行置换。

燃气设施宜采用间接置换法进行置换，当置换作业条件受限时也可采用直接置换法进行置换。置换过程中每一个阶段应连续 3 次检测氧或燃气的浓度，每次间隔不应少于 5 min，并应符合下列规定。

1）当采用间接置换法时，测定值应符合下列规定：

①采用惰性气体置换空气时，氧浓度的测定值应小于 2%；采用燃气置换惰性气体时，燃气浓度测定值应大于 85%。

②采用惰性气体置换燃气时，燃气浓度测定值不应大于爆炸下限的 20%；采用空气置换惰性气体时，氧浓度测定值应大于 19.5%。

③采用液氮气化气体进行置换时，氮气温度不得低于 5℃。

2）当采用直接置换法时，测定值应符合下列要求：

①采用燃气置换空气时，燃气浓度测定值应大于 90%；

②采用空气置换燃气时，燃气浓度测定值不应大于爆炸下限的20%。

置换放散时，作业现场应有专人负责监控压力及边行浓度检测。

置换作业时，应根据管道情况和现场条件确定放散点数量与位置，管道末端应设置临时放散管，在放散管上应设置控制阀门和检测取样阀门。

临时放散管的安装应符合下列规定：

1）放散管应远离居民住宅、明火、高压架空电线等场所。当无法远离居民住宅等场所时，应采取有效的防护措施。

2）放散管应高出地面 2 m 以上。

3）放散管应采用金属管道，并应可靠接地。

4）放散管应安装牢固。

临时放散火炬的设置应符合下列规定：

1）放散火炬应设置在带气作业点的下风向，并应避开居民住宅、明火、高压架空电线等场所；

2）放散火炬的管道上应设置控制阀门、防风和防回火装置、压力测试接口；

3）放散火炬应高出地面 2 m 以上；

4）放散燃烧时应有专人现场监护，控制火势，监护人员与放散火炬的水平距离宜大于 25 m；

5）放散火炬现场应备有有效的消防器材。

二、置换的流程

首先，确认立管通过强度和严密试验并验收合格后，才可置换通气。到达立管管道的末端处，观察户内安装情况（管材和管件、固定和私改等情况）及室外环境（周围有积聚燃气的可能、风向情况、是否完全伸出建筑物外等）是否符合置换的要求。启动具有防爆功能的可燃气体检测仪，调整好量档。如有燃气表则拆除燃气表，连接放散管及阻火器，放散管上安装一个控制阀和一个三通，三通另一边连接取样阀门，把放散管出口完全伸出建筑物外，使可燃气体外散至户外，而不会扩散至建筑物内或积聚在封闭空间。准备工作完成后立管控制阀监护人打开立管阀门，打开表前阀，打开放散管阀门，将可燃气体检测仪放在取样阀软管出口处检测燃气浓度。

操作过程中需注意以下事项：

1）在放散点 3 m 内，严禁烟火，不得开关电闸。

2）放散进行时，禁止在管道上进行任何操作。

3）假如旁支管有阀控制，放散必须分段进行，每根旁支管在有人监察的情况下，才可同时放散。

4）放散时，放散管出口及适当的控制阀（如立管阀）必须有人监察，在操作期间必须保持紧密联系。

5）不得点燃驱出的燃气。

6）放散不可中途停止。

7）大型的立管装置，如管道体积超过 2.5 m^3 或直接放散时会有潜在性危险，必须用惰性气体作气段吹扫，然后再作直接放散。放散燃气严禁点燃。

连续检二次测试确定燃气浓度已超过 90%，放散便告完成。

拆除放散装置，恢复原状（把表重新安装然后做好气密性测试）。

表具如未及时装置，应关闭表前阀，封堵接口（用测漏仪或是肥皂水重新测试封堵口），如设有立管控制阀，则必须保持该阀在开启的状态。

三、入户通气点火流程

1. 文明进户、表明来意

（1）入户前准备

1）入户前工作人员应穿戴劳保用品，劳保用品应穿戴齐全、整洁，并佩戴工作证。

2）工作人员应对工作时使用的工具进行检查。

（2）入户

1）应轻声敲门，敲门的力度轻重要适度，三声为宜。如用户无应答，可重复上述操作。

2）礼貌问好，自我介绍并说明来意。获得用户允许进入之后，询问厨房位置，穿戴鞋套进入户内。不要私自乱逛。工作期间的言行举止要达到公司礼仪服务标准。

（3）确认用户信息

用户提供相关单据，工作人员应认真查验。

（4）工具整理

经过客户允许之后，将工具包放到合适的位置，要将使用的工具整齐地摆放在工作垫布上。要注意方便取用，避免碰触用户家的物品及设施。

2. 检查客户用气房间是否具备通气点火要求

1）在通气之前，要检查用气环境是否符合要求，用气环境包括：

①四周是否有易燃易爆物品，是否有太多杂物。

②燃气设施与其他设施的距离是否足够。燃气设施有无私改私接（包括立管、燃气表、户内管等），检查燃气器具与气源是否匹配。

③是否有类似"QS"的质量标贴。

④是否超过使用年限，是否安装到位，且能满足使用和维护的需要。

⑤灶具是否具有熄火保护装置，能否正常工作。

⑥热水器安装是否牢固，是否安装烟道，烟道是否固定，接口是否密封，是否排向室外；室外烟道末端要安装风帽，防止风倒流。

2）在下列情况下严禁点火：

①户内燃气设施气密性不合格严禁点火；

②聘用无燃气施工资质的人士改动、敷设燃气管道严禁点火；

③未经地方燃气公司检测合格的燃气管道严禁点火；

④燃气具与气源不符严禁点火；

⑤燃气具没有安装到位、安装不符合规范严禁点火；

⑥单独燃气器具不合格严禁点火。

3. 气密性测试

打开灶前阀门、热水器前阀门，拆除炉具连接软管，连接试漏三通及压力计，检查软管有没有老化、龟裂，超长、安装是否符合要求。如需要更换软管，先更换新的软管，再进行气密性测试。更换软管要顺弧形、管卡不能阻碍阀门开关、使用专用软管剪刀、管卡离开胶管顶部 2～3 mm、检查新胶管使用年限。用空气加压到 3 kPa，观察压力计压力是否正常（是否波动很大）。稳压 1 min（为了提高工作效率，不浪费时间，这时用测漏仪检查立管）。观察 2 min（在压力计的水柱最高点做一记号，利用这段时间登记燃气表、燃具资料，包括型号、品牌等资料，是否有违章），观察压力计，压力不下降后再进行表前阀内漏测试，一切正常后才为合格。

4. 气点火

打开表前阀，利用燃气具置换空气（注意事项：置换时要熄灭明火，不允许开关电器、吸烟、打电话）。通气必须以燃气进行，体积不可小于表具每转容量的 5 倍，但亦不可超过总管道容量的 1.5 倍，置换时确保空气流通，排出的气体不能被风吹回室内的间格内，如不能一次置换成功，则每次要间隔一段时间才能重新点火。通气后要点着炉头看火焰是否正常。如多次不能点燃，应在管线末端用胶管引至室外通风良好处进行燃气置换。

5. 表前阀内漏测试

关闭表前阀，打开燃具控制阀，将系统内燃气排尽，压力归零，关闭炉具控制阀，观察 1 min，压力不上升为正常。

6. 灶前阀内漏测试

关闭灶前阀，打开表前阀补压（表前阀保持在打开状况），观察压力计压力应保持在零的位置不变，观察 1 min，压力不上升为正常，若阀门内漏则直接更换新的阀门。

7. 静压测试

打开所有阀门，观察压力计水柱高度（上压+下压），记录静态压力。

8. 动压检查及点火过程中的注意事项

打开所有炉具，调到最大火（灶具燃烧器"全部"同时间打开），观察压力计水柱高度（上压+下压），记录动态压力，动压测试时进行热水器、燃气灶具调试。

9. 灶具熄火安全装置检查

关闭热水器热水龙头，灶具保持在燃烧的状况，关闭灶前阀。观察燃烧器，火焰熄灭后 60 s 内应聆听到电磁阀闭阀声音（有声音表示安全装置的电磁阀能正常关闭，每一个燃烧器应有独立的电磁阀闭阀声音）。

打开灶前阀补压，马上关闭灶前阀，观察压力计 1 min，不下降为合格（不下降表示燃具的安全装置的电磁阀不漏气）。

10. 置换空气

关闭所有灶具控制阀，燃烧余气，将试漏三通及压力计拆除，重新连接胶管，管卡上紧，打开表前阀，点燃炉具置换空气，用检漏仪检查连接口是否漏气，关闭灶前阀。

11. 交付使用

通气结束后，清理现场，向客户讲解燃气具使用方法及注意事项。

12. 宣传安全用气知识

宣传安全用气常识（灶前阀、表前阀使用、通风用气）。发现或怀疑漏气的处理步骤：打开门窗，关闭表前阀，熄灭明火，不要开关任何电器，不要按邻居家的门铃，到户外通风良好的环境打电话等。派发安全用气常识手册。

13. 友善道别

询问用户是否还有其他问题，如日后再有问题，可致电客户服务热线，并告知联系电话；签单后和用户友善道别，礼貌关门。

第二节　居民燃气用户定期安全检查

1. 文明进户、表明来意

（1）入户前准备

1）入户前工作人员应穿戴劳保用品，劳保用品应穿戴齐全、整洁，并佩戴工作证。

2）工作人员应对工作时使用的工具进行检查。

（2）入户

1）应轻声敲门，敲门的力度轻重要适度，三声为宜。如用户无应答，可重复上述操作。

2）礼貌问好，自我介绍并说明来意。获得用户允许进入之后，询问厨房位置，穿戴鞋套进入户内。不要私自乱逛。工作期间的言行举止要达到公司礼仪服务标准。

（3）确认用户信息

用户提供相关单据，工作人员应认真查验。

（4）工具整理

经过客户允许之后，将工具包放到合适的位置，要将使用的工具整齐地摆放在工作垫布上。要注意方便取用，避免碰触用户家的物品及设施。

2. 收集资料，检查连接软管

1）询问客户燃气设施的使用年限并对连接软管（软管包括橡胶软管、普通不锈钢波纹管及不锈钢超柔管）检查以下几个方面：

①软管是否存在弯折、拉伸、龟裂、破损及老化现象。

②软管中间是否有接口、三通。

③软管两端连接是否松脱或松动。

④软管是否高于灶具的台面。

⑤软管有否受热辐射影响。

⑥台式灶具是否错接普通不锈钢波纹管。

⑦普通不锈钢波纹管或不锈钢超柔管（图 5-1）被覆层是否破损，管道是否锈蚀。

⑧橡胶软管两端有否安装卡箍固定。

⑨软管长度是否超过 2 m。

⑩橡胶软管是否穿墙、顶棚、地面、窗和门。

⑪ 普通不锈钢波纹管和不锈钢超柔管与周边带电物体是否有足够的安全间距。

⑫普通不锈钢波纹管或不锈钢超柔管是否超期使用。

⑬橡胶软管是否有条件换成不锈钢超柔管。

2）使用超过 2 年或超过胶管制造商标注的使用年限的橡胶软管建议客户更换，在新更换的胶管上贴上下次更换日期的标贴，如图 5-2 所示。

图 5-1　不锈钢超柔管　　　　图 5-2　户内标识

3）如燃具超期应告诉用户燃具的使用年限，并检查燃具外观及使用状况，判断是否需要更换。

3. 连接压力计

1）关闭表前阀；打开所有燃具前阀门（灶前阀、热水器前阀等）；打开灶具开关，燃烧管道内余气，然后关闭（如利用灶前阀测压嘴连接压力计则不用燃烧余气）（图 5-3、图 5-4）。

 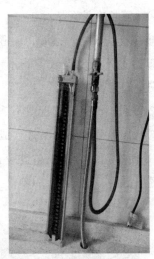

图 5-3　无灶前阀测压嘴　　　　图 5-4　有灶前阀测压嘴

2）拆除灶具连接软管，连接压力计（如需要更换软管，在这时更换。橡胶软管要使用专用软管剪刀剪切，胶管安装要顺弧形；格林接头有红线的要超过红线，没有的要插到底；管卡不能阻碍阀门开关，管卡离开胶管顶部 2～3 mm；波纹管安装弯曲起点要在接头后 25 mm，弯曲半径不小于 3 倍外径）。

4. 气密性测试

缓慢打开表前阀补压，观察压力计压力是否正常（2 000～

2 500 Pa）；关闭表前阀；稳压 1 min（为了提高工作效率，不浪费时间，这时用测漏仪检查表前阀前管道及立管是否漏气；检查立管及户内管是否锈蚀、管卡是否足够、私改私接、搭挂重物、缠绕电线、安全间距、暗封不通风等）；观察 2 min（在"U"形压力计的水柱最高点做一记号或记录电子压力计数值，利用这段时间登记燃气表、燃具资料，包括型号、品牌等资料，是否有违章）。观察压力计，压力不下降为合格。如压力下降则进行分区测漏。

5. 表前阀内漏测试

打开灶具开关，将系统内燃气燃烧掉，压力归零；关闭灶具开关，观察 1 min，压力不上升为正常。

6. 灶前阀内漏测试

关闭灶前阀；打开表前阀补压（表前阀保持在打开状况）；观察压力计压力应保持在零的位置不变，观察 1 min，压力不上升为正常。

7. 静压检查

打开所有燃具前阀门，观察压力计数值，记录静态压力。对于"U"形压力计（图 5-5）的读数首先了解以下单位换算情况。

（1）基本单位换算

1 kPa（千帕）= 1 000 Pa（帕）

1 kPa（千帕）=10 cm/H_2O（厘米/水柱）

100 Pa（帕）=1 cm/H_2O（厘米/水柱）

（2）读数

图 5-5 中左侧"U"形压力计的读数

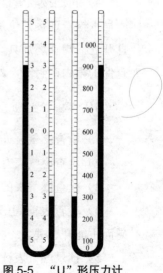

图 5-5 "U"形压力计

为 300 Pa+300 Pa=600 Pa。右侧"U"形压力计的读数为 900 Pa-300 Pa=600 Pa。读数时请注意"0"刻度的位置。

8. 动压检查

打开所有燃具，调到最大火（灶具燃烧器"全部"同时间打开），观察压力计数值，记录动态压力。

9. 灶具熄火安全装置检查

1）灶具保持在燃烧的状况（关闭热水器、热水龙头）；关闭灶前阀，观察燃烧器，火焰熄灭后 10 多秒钟（闭阀时间不应超过 60 s），应聆听到电磁阀闭阀声音（有声音表示安全装置的电磁阀能正常关闭，每一个燃烧器应有独立的电磁阀闭阀声音）。

2）打开灶前阀补压，马上关闭灶前阀；观察压力计 1 min，不漏气为合格（不漏气表示燃具的安全装置的电磁阀不漏气）。

3）关闭所有灶具开关；燃烧余气；将试漏三通及压力计拆除。

4）新连接软管，装好管卡，打开灶前阀点燃灶具，用检漏仪或肥皂水检查连接部位是否漏气；如在灶前阀测压嘴处，拆除压力计后，打开灶前阀点燃灶具，用检漏仪或肥皂水检查测压嘴处是否漏气，检查保护帽内密封圈，然后安装。

10. 燃气表检查

1）检查燃气表外表有否严重锈蚀。

2）检查燃气表有否损坏。

3）检查燃气表的安装位置是否通风。

4）检查表前阀门的安装位置是否易于操作及是否被其他东西阻碍而不能开、关。

5）抄录燃气表读数。

6）检查燃气表在最小流量下是否正常工作（通气但不转动）。必须独立开启个别燃具，以防有旁通管绕过燃气表盗气。

7）检查燃气表与周边其他设施是否有足够的安全间距。

8）记录燃气表的品牌、型号及进气口位置。

11. 燃气灶检查

1）检查熄火自动保护装置是否能够正常使用。

2）检查嵌入式灶具炉底橱柜是否足够通风。

3）检查燃气灶与周边其他设施是否有足够的安全间距。

检查炉具的点火性能，若打火微弱无力，应通知客户及时更换电池。

4）检查大小炉头、盖及环是否变形。

5）检查燃烧的火焰情况是否正常。

6）记录燃具的种类、品牌、型号及分类，检查灶具是否超过判废年限，检查其与工作单上的资料是否一致。

7）使用时，检查灶具操作是否正常，各部位是否有松动、脱落。

12. 燃气热水器/燃气采暖炉的检查

1）检查燃气热水器/燃气采暖炉操作是否正常，各部位是否有松动、脱落。

2）检查是否使用直排式热水器。

3）检查燃气热水器/燃气采暖炉各接口是否漏气。

4）检查燃气热水器/燃气采暖炉安装使用处通风情况。

5）检查燃烧的废气是否完全排除室外及烟道是否有破损。

6）检查烟道式热水器与排烟管连接部位是否有管箍。

7）检查排烟管长度超过 1.5 m 时是否有安装固定支架。

8）检查烟道式热水器，在热水器及浴室显眼处是否粘贴"开窗通风告示"的警示标贴,提醒客户安全使用热水器。

9)检查燃气热水器/燃气采暖炉的品牌、型号、检查炉具是否超过判废年限,检查其与工作单上的资料是否一致。

10)检查燃气热水器/燃气采暖炉的使用状况:点火、温度调节、火力调节是否顺畅。

11)检查燃气热水器/燃气采暖炉安装是否规范。

12)检查燃气热水器/燃气采暖炉与周边其他设施是否有足够的安全间距。

13. 交付使用

安检结束后,清理现场,向客户讲解燃气具使用方法及注意事项。

14. 宣传安全用气

1)室内装修的时候不得密封燃气管道。

2)严禁私自拆除、改装、迁移燃气管道,严禁挪动燃气设施,不得在燃气设施上吊挂杂物。

3)胶管必须采用合格产品,并定期检查,发现老化或者破损情况时应及时更换。

4)严禁使用无检测合格标识或与气源不匹配的燃气器具。

5)使用燃气时,应开启通风设施换气或者开通燃气,使用时,工厂内不得离人。

6)对怀疑漏气的地方可用肥皂水涂在管道上进行检查,如发现冒气泡,则此处就是漏点,应立即拨打抢修电话报修。严禁使用明火检查泄漏。

7)若发现燃气泄漏,燃气设施、燃气具异常或意外停气时,应立即关闭燃气总阀、开窗通风,在安全的地方切断电源,严禁动用明火,并在室外拨打抢修电话报警。严禁开启燃气管道上的公用阀门。

8）燃气使用完毕后应关闭燃气总阀。

9）派发安全用气常识手册。

15. 友善道别

询问用户是否还有其他问题，如日后再有问题，可致电客户服务热线，并告知联系电话；签单后和用户友善道别，礼貌关门。

第三节　工商业燃气用户定期安全检查

一、预约用户

一般提前 24 h 通知客户。

二、工具资料准备

入户前资料的准备有工作证、《工商安全检查登记表卡》《安全隐患整改通知单》、相关安全提示标贴、安全用气宣传册及相关工具。

三、入户检查

1. 管道

1）管道是否被私改，是否存在偷气情况；

2）管道及连接处是否锈蚀，尤其关注处于恶劣环境的燃气管道；

3）管道是否稳固，是否设有管卡；

4）管道是否有清晰的指示标贴或标记，如色环或涂黄漆；

5）管道周边是否存在违章情况影响管道安全，如是否搭挂重物，管道被用作接地、与周围其他设施安全间距不够，管道不规范暗埋或暗封等。

2. 气密性测试

1）应使用可燃气体检漏仪检查自引入管总阀后的管道系统各接口处是否漏气；

2）餐饮业用户应采用"U"形压力计或电子压力计对计量装置后管道系统进行气密性测试，气密性测试时间为 15 min；

3）若表前安装调压器，应使用可燃气体检漏仪或检漏液检查表前阀至调压器的所有接口是否漏气；

4）点燃所有燃具燃烧器，用检漏仪检查燃具控制阀到燃烧器之间的管道有无漏气。

3. 调压器检查

1）调压器外壳是否锈蚀；

2）调压器排气孔是否有堵塞情况；

3）调压器及其连接部位是否漏气，当不能进行气密性测试时，可用检漏仪（或肥皂水）检查；

4）记录调压器的品牌和型号。

4. 计量装置检查

1）计量装置安装位置是否通风良好。

2）计量装置外壳是否锈蚀，尤其关注处于恶劣环境的计量装置。

3）计量装置读数盘是否损坏，铅封是否完好。

4）计量装置指针是否转动，分别开启各燃气具，检查计量装置在最小流量下是否正常工作，防止旁通管绕过计量装置盗气；检查运行时是否有噪声。

5）罗茨表和涡轮表电量、油量、接线、校正系数、校正仪显示等是否正常。

6）计量装置及其连接部位是否漏气，当不能进行气密性测试时，可用检漏仪（或肥皂水）检查。

7）计量装置与周围其他设施的安全间距是否符合要求。

8）户外计量装置表箱是否锈蚀、破损。

9）计量装置是否有清晰的指示标贴，如开关表前阀指示牌等。

10）记录计量装置的品牌、型号、进气口位置、出厂日期及读数。

5. 阀门检查

1）紧急切断阀是否有清晰的开关指示牌、警告指示牌；

2）紧急切断阀开关是否正常，是否生锈；

3）紧急切断阀是否漏气，如不能进行气密性测试，可用检漏仪（或肥皂水）检查；

4）燃具前控制阀手柄是否遗失，阀门开关是否正常，阀门是否漏气，如不能进行气密性测试，可用检漏仪（或肥皂水）检查。

6. 报警器检查

1）当燃具和用气设备安装在地下室、半地下室及通风不良的场所时，是否设置机械通风、燃气泄漏报警器、一氧化碳报警器等联动安全装置，并应检查联动功能是否正常。检查是否有定期检定记录（每年至少检定一次），保证其处于正常使用状态。

2）其他情况应根据当地政策实行报警器的应用。

7. 新增用气设备检查

新增用气设备为自上一次到访（安检或通气）后，客户自行增加的用气设备。

1）燃具是否由取得生产许可证的企业生产；

2）参照相关规定进行燃具检查；

3）新增设备是否影响供气能力的环节，如调压器、流量计、管路通过能力。

8. 其他项目检查

1）用气房间是否存储易燃易爆品；

2）是否存在使用其他燃气的燃具；

3）管线图是否清晰可辨，总阀与紧急切断阀的位置、管道走向等是否与实际相符，张贴位置是否合适；

4）了解操作人员是否正常操作，是否熟知漏气处理步骤，是否知道燃气公司的抢修电话。

9. 燃具检查

1）检查燃具外观是否良好；

2）检查燃具燃烧工况是否正常，必要时使用烟气分析仪检查排出废气是否符合安全要求；

3）检查燃具与周边其他设施是否有足够的安全间距；

4）检查各燃具控制阀、点火棒控制阀门开关是否顺畅，并用检漏仪（或肥皂水）检查阀门在开关过程中是否漏气；

5）检查用气设备前压力是否正常，若压力不正常，则检查是否是由调压器、过滤器等设备堵塞或异常引起；

6）检查各燃气控制阀是否内漏；

7）记录燃具型号、品牌、耗气量、燃烧方式等资料；

8）针对不同燃具，检查其是否具备相应的安全保护装置及安全保护装置是否正常。

10. 通风及排烟检查

1）检查炉具安装地点（厨房或地下室）是否通风良好。

2）检查炉具是否装有排烟罩或适当的烟道抽气系统。

3）检查炉具抽风系统是否有严重的油烟积聚。

4）当燃具和用气设备安装在地下室、半地下室及通风不良的场所时，检查机械通风、燃气泄漏报警器、一氧化碳报警器等安全设施是否设置齐全；通风能力是否满足要求；报警器是否有定期检查记录，保证其处于正常使用状态。

5）采用自然通风时，房间是否设有固定且足够流量的通风口或对外开的门。

6）发现异味或感觉通风较差时，须检查工作范围内（燃具前）的一氧化碳含量和二氧化碳含量，一氧化碳含量应小于 20×10^{-6}、二氧化碳含量应小于 $2\,000 \times 10^{-6}$。

11. 连接软管检查

1）检查软管是否安装在容易受到热辐射影响的地方；

2）检查软管是否被不规范地暗封；

3）检查是否为燃气专用软管；

4）检查固定式用气设备是否采用燃具连接用不锈钢波纹管或硬管连接，若可移动燃具采用橡胶软管连接或燃具连接用不锈钢超柔波纹管，专用软管长度是否超过 2 m；

5）检查软管接口是否漏气，若为橡胶软管，检查其两端是否有管夹和是否牢固固定；

6）检查橡胶软管是否老化、破损，中间是否有接头，是否存在穿墙、门窗等情况；

7）检查软管的使用时间，结合厂家标记的软管使用年限、当地政府对软管使用时间的要求以及软管的实际状况，判断是否需要更换。

12. 绘制平面图

1）平面图也叫俯视图。主要表示建筑物和设备的平面布置，管道走向、排列及各部分长度。明敷的燃气管道用粗实线；墙内暗埋或埋地的燃气管道应采用粗虚线；图中建筑物用细实线。

2）平面图中应绘出燃气管道、燃气表、调压器、阀门、燃具等。

3）平面图中燃气管道的相对位置和管径应标清楚。

四、交付使用

安检结束后，清理现场，并向客户讲解燃气具使用方法及注意事项。

五、宣传安全用气

1）室内装修的时候不得密封燃气管道。

2）严禁私自拆除、改装、迁移燃气管道，严禁挪动燃气设施，不得在燃气设施上吊挂杂物。

3）胶管必须采用合格产品，并定期检查，发现老化或者破损情况时应及时更换。

4）严禁使用无检测合格标识或与气源不匹配的燃气器具。

5）使用燃气时，应开启通风设施换气或者开通燃气，使用期间，工厂内不得离人。

6）对怀疑漏气的地方可用肥皂水涂在管道上进行检查，如发现冒气泡，则此处就是漏点，应立即拨打抢修电话报修。严禁使用明火检查泄漏。

7）若发现燃气泄漏，燃气设施、燃气具异常或意外停气，应立即关闭燃气总阀、开窗通风，在安全的地方切断电源，严禁动用明火，并在室外拨打抢修电话报警。严禁开启燃气管道上的公用阀门。

8）燃气使用完毕后应关闭燃气总阀。

六、友善道别

询问用户是否还有其他问题，如日后再有问题，可致电客户服务热线，并告知联系电话；签单后和用户友善道别，礼貌关门。

第四节　室内燃气设施维修与燃气泄漏抢修

一、室内燃气设施的维修

1. 居民燃气设施维修管理的规定

1）对室内燃气设施管理、日常维修、更换等操作，维修人员必须经过专业的技术培训，考试合格后上岗，并且应定期参加业务培训。

2）维修人员对待客户要热情、文明、周到。

3）室内燃气设施日常维修实行报修制度，专业维修人员应提供24 h 服务。

4）客服值班人员接到用户报修，应该立即填写《维修任务单》，并组织安排维修服务。

5）维修完成后客服人员应及时进行室内燃气设施维修服务回访。

2. 家用燃气设施维修的一般程序

1）详细记录客户反馈问题的具体情况。

2）检查燃气设施是否符合安装规范。

3）检查客户是否有违章用气情况。

4）检查户内燃气设施是否有泄漏、锈蚀、破损、超期等情况。

5）根据客户介绍的情况或者安检工作单上的说明进行维修。

6）进行气密性测试，待气密性测试合格之后可恢复供气。

7）请客户在工作单签字，确认工作单内容无误。

3. 管道堵塞的维修

（1）管理要求

1）用户报修家里无燃气供应时，应先做判断。用户报修后，应先询问用户具体的使用情况，判断是否是其他原因引起的不能供气的情况，其他的原因包括：

①燃气具故障。

② 调压器切断。

③阀门有的处于关闭状态。

④可燃气体报警器错误报警，与之联动的电磁阀切断。

⑤燃气公司进行抢修作业引起的临时停气。

⑥燃气公司进行维修作业引起的计划性停气。

⑦预付费式智能燃气表欠费。

2）用户报修家里燃气供应不足时，应先做判断。用户报修后，应先询问用户具体的使用情况，判断是否是其他原因引起的供气不足的情况，其他的原因包括：

①燃气具故障。

②调压器切断，但关闭不严。

③阀门有的处于非全开状态，或是处于关闭状态，但关闭不严。

④可燃气体报警器错误报警，与之联动的电磁阀切断，但关闭不严。

⑤燃气公司进行抢修作业引起的临时降压作业。

⑥燃气公司进行维修作业引起的计划性降压作业。

⑦预付费式智能燃气表欠费，但电磁阀关闭不严。

3）确定供气压力不足时，应该用相对应量程的压力表测试管道内的压力情况，首先做出故障的初步判断，缩短查找故障原因的时间，减小处理故障的工作量，以提高工作效率。

（2）操作方法

1）堵塞位置的判断。

①拆卸下用户燃气具与表尾阀间的连接管，在表尾阀处接入放散管，开启表尾阀进行燃气泄放。若燃气表正常走字，且压力正常，则为软管堵塞或是燃气具故障。

②如果表尾阀气小或无气，则说明表前阀或前管道发生堵塞，经检查表阀完好时，就应分段检查表前阀的各段管道。

2）堵塞的维修。

① 当确认为燃气软管堵塞时，检查软管是否存在挤压、弯折等情况，若是该情况造成的堵塞，应加大管道的通道；若是管道内部有杂质堵塞，需要疏通或是更换管道。

②当确认为钢制燃气管道堵塞时，按照管道维修或更换的操作方法进行更换。

③当确认为埋地管道水堵时，应关闭调压器出口阀门和各立管阀，选取一根立管从活接头处拆开，连接吹扫装置，将管道内的积水吹扫出来，然后恢复管道连接，在测试及置换后恢复供气。若因为地形等原因无法将水吹扫出来，需要将管道挖出，选择更低的位置连接吹扫装置进行吹扫排水。

4. 燃气表更换

（1）管理要求

1）为了确保燃气用户燃气表的正常使用、计量准确，维护燃气公司与用户双方的利益及用气安全，燃气公司应为用户提供换表服务。

2）当用户对燃气表计量的准确度有异议的时候，应及时通知供气方，双方委托计量检测机构检定，检定之后结果符合天然气计量装置标准的，检定费用由用气方承担；不符合标准的，检定费用由供气方承担。

3）因用户个人原因导致燃气表损坏的，由客户自行承担燃气表费用及更换费用，燃气公司安排专业人员进行更换。

4）在抄表的过程中，抄表员发现燃气表异常的情况，例如，燃气表不工作、慢，或者损坏表，或者用户提出更换燃气表申请的时候，应由专业的人员到现场检验燃气表，确认符合更换条件的燃气表，制订更换方案予以更换。

5）集中报废燃气表进行更换的时候，要提前通知用户，异常表的更换应该按照约定的时间进行。

6）更换燃气表时，工作人员与用户双方应该核实相关信息及燃气表参数，并签字留存。避免发生燃气费的纠纷。

（2）操作方法

1）打开灶前阀，关闭表前阀，燃烧余气，拆除燃气表，将剩余气量转移到转移卡中。

2）新的燃气表安装时，插入转移卡，将气量输入新表。

3）打开表前阀，用测漏仪检查是否漏气。

4）连接用气设备，安装表封。

5. 户内燃气改管

（1）管理要求

1）为了更好地方便用户使用燃气，减少和避免用户私自改管造成安全隐患，在各类燃气规范允许的条件下应为用户提供改管服务。

2）改管需要由用户向属地公司提出申请，经专业技术人员现场核定符合改管条件，现场制订改管方案后，按照当地收费标准和工作程序办理改管手续。

3）改管工作需要由专业人员按照改管方案进行改管。

4）单户室内燃气设施拆除时，需将阀后设施拆除后加装封堵。

5）拆除燃气灶、热水器、报警器等设施后，应将燃气设施恢复原状或在拆除点加装封堵。

（2）操作方法

1）关闭。关闭表前阀。

2）燃烧预期。利用燃气灶具或者燃气热水器将燃气管道内的余气燃烧干净。

3）拆除原管道。对燃气表后的管道进行改装时，应该先松动改装管段的固定管卡，直至用手能进行拆除的程度为止。

4）管道的安装。根据设计图纸对管道进行施工改装。拆卸下来的管段和管件在重新安装之前需要清理螺纹上的生料带。将燃气用具连接好。

5）严密性试验。燃气设施改造工作完毕后，应进行严密性检验，压力不低于 5 kPa，稳压 15 min，无压力降为合格。

6）管道内空气的置换。打压合格以后，打开表前阀，点燃灶具，排空余气，看到灶具正常燃烧后可视为置换完成。

7）填写维修记录。置换完毕后，填写《维修任务单》并让客户确认签字。

二、燃气泄漏的抢修

1. 检查与准备

确认消息的来源，了解事件的详情。

1）报讯者的姓名、地址、联系电话及客户号码。

2）事件发生的地点、时间和性质。

3）确定为泄漏事故后对报讯者的询问及建议如下：

①发觉燃气味的时长。

②是否关闭燃气表控制阀。

③要求客户打开门窗保持空气流通。

④要求用户采取的安全措施：切勿开关任何电闸或电器连接；切勿按动电钟、门铃；在燃气污染区不要使用电话；切勿吸烟；熄灭所有明火；切勿以明火寻找漏气点。

通知客户在未修复漏气点之前，如需要使用电话与外界（如燃气公司）联系，请到非燃气泄漏区拨打电话。

如属于严重紧急事故，应询问是否已通知公安消防部门、物业公司等单位，以及了解伤亡和送院情况。

在接获紧急事故报告后，接报人（如客户服务主任或抢险热线）应遵行紧急事故的处理程序，通知相关人员，同时发出紧急事故工作单。

2. 操作程序

接到抢险事故报告时，抢险热线/客户服务热线须通知抢险部门，以采取适当行动。

进入户内作业首先应该检查有没有燃气泄漏；如发现燃气泄漏应第一时间切断气源、开窗通风，应在安全的地方切断电源、消除火种，禁止在现场拨打电话；在确认可燃气体浓度低于爆炸下限的20%时，方可进行检修作业。

如果确认发生户内用户燃气设施着火或爆炸、人员中毒、窒息或者死亡的情况，应立即切断气源，对受伤的人员进行及时救护，并报告相关部门。

工作人员应对用户家的相关设施及用气设备进行检查，不得有遗漏。查出漏点立即处理。

漏气位置及处理方法：

1）螺纹连接处漏气：将漏气位置的管道进行拆卸，检查螺纹是否完整，如完整，将生料带清理干净，并重新缠绕生料带，然后固定紧，如果发现螺纹连接有问题，按照维修标准重新套丝安装。

2）燃气表或者管件漏气：更换燃气表或者阀门漏气。

3）灶具连接管漏气：如果是胶管的插入端漏气，则应该切除漏气部分，在满足使用要求的情况下重新连接；如果是连接管有漏气或者老化，则应该更换新的连接管。

4）燃气设施内部漏气：在切断气源的情况下拆除燃气设施，更换新的燃气设施，如果不能及时更换，须将燃气设施前阀处封堵。

漏气修理时，应避免由于检修造成其他部位泄漏，应采取防爆措施或者使用防爆工具，严禁使用能产生火花的工具进行敲击作业。

室内泄漏抢修完成后，应对室内的燃气管道及燃气设施进行严密性试验，试验压力不低于 5 kPa，15 min 后无压力下降为合格。

置换空气，恢复供气。

维修完成后及时张贴《恢复供气通知》，交付使用。

3. 注意事项

1）工作场所禁止吸烟，清除一切火种，为了满足照明的需要，应使用防爆手电筒和防爆灯。

2）地下室抢修操作时，不能单独操作，必须有多人在场，有监护人员，并设法切断气源，妥善安排工作程序。在进出口应该设置容易识别的标记，方可以进入地下室进行抢修操作。

3）事故隐患未查清或者隐患未消除，不得撤离现场，应该采取安全措施，直至消除隐患为止。

第五节　燃气用户档案管理

一、编制目的

为规范客户服务部档案管理工作，确保档案的完整性和标准化，提高档案快捷查阅效率，特制定本管理制度。

二、适用范围

本制度适用于客户服务部各分部和科室业务档案管理。

三、管理要求

各部门负责人对本科室档案管理工作负管理责任，档案整理和移交必须由科室负责人审核签批后移交档案管理室。

四、管理职责

认真贯彻公司档案管理制度，执行档案汇总保管存放标准。

负责整理接收供气合同、开户信息、民用通气、到期换表单据档案资料，做好分类整理、保管、统计、编目、查询等工作。

负责定期对档案进行检查、清点，做好档案的防护工作，保证档案的安全。

严格落实保密制度，不得利用职务便利擅自扩大档案利用范围，不得泄露档案的秘密内容。

检查档案安全保管情况，发现对档案保管不利因素时，要及时上报采取措施。做到以防为主、防治结合，保证档案安全性。

负责档案室内部整理，保证环境的干净整洁，档案资料排放整齐、科学有序。

五、管理内容

1. 档案报送整理

各分部和职能科室按照《档案整理报送工作标准》进行整理报送，各部门设立档案管理员负责档案整理工作，按照客户管理室下达的通知进行档案报送，特殊情况可以通过部门沟通确定档案报送时间。

档案报送前务必请科室负责人进行审阅签批，以部门为单位，建立档案移交台账；台账详细记录档案的相关信息及接收信息，严格履行档案交接手续。

档案室管理员根据分部报送的档案进行分类，编制电子表格，按照业务分类进行存放，便于后期查询。

2. 档案查询

各科室由于工作需求，可以通过邮件和电话进行档案查询，档案管理员做好各需求部门服务工作，需要图片时必须使用邮箱进行传递，并做好查询工作记录。

为确保档案的安全性和用户隐私，档案室不随意接受任何单位或者个人档案查询需求。

各分部档案查询必须经部门领导授权后进行，严禁利用工作之便窥窃客户信息。

档案管理室为便于各部门档案管理，整理并完善电子档案，缩短查询时间，提高查询效率；纸质档案采用多种管理方式相结合，地区划分与时间划分相结合，分区分类管理。

3. 档案借阅

各部门由于工作需要借阅档案原件时，必须经分管领导批准同意。借阅人严格保管，防止遗失和泄密，借阅后按时归还给档案管理员。档案管理员需详细记录借阅情况（包含借阅日期、借阅内容、借阅部门、借阅人签字、归还日期等），准确掌握档案资料的信息。

在条件允许的情况下，可将借阅文件进行复印、扫描或其他备份，以防丢失。待原件归档后，可将备份销毁。原件丢失的情况下要先汇报上级领导，待领导同意后将备份作为原件保存。

4. 档案报废

对于没有保管价值的档案，整理汇总后向公司申请，逐级审批批准后进行报废处理。

六、考核管理

各部门档案报送员根据档案整理报送要求按时报送业务档案，部门负责人负责审核签批；对于不符合档案收取要求的档案，客户管理室退回报送部门整理。

对于二次报送仍不合格、消极报送档案的部门，职能科室进行通报，当事人月度考核扣除绩效工资的 20%；多次督促仍不改正的部门，部门负责人月度考核扣除绩效工资的 20%。

　　档案管理员不担当、不作为造成档案遗失、损坏，档案管理员月度绩效考核扣除绩效工资的 20%，分管主任月度绩效考核扣除绩效工资的 20%；人为造成用户资料泄露，根据公司档案管理制度严肃处理。

七、注意事项

　　档案室必须独立设置，与办公室分开使用。

　　档案室实行专人管理，非档案管理人员未经允许不得入内，档案室钥匙由档案管理人员妥善保管，不得交由他人管理。

　　加强档案的技术保护措施，档案室应做到防火、防盗、防潮、防光、防鼠、防虫、防尘、防污染"八防"要求，档案室内严禁吸烟、存放杂物，确保室内整洁和档案的安全。

　　档案室内应保持适宜的温、湿度，对不适宜的温、湿度采取措施进行调整。

　　档案室内严禁存放易燃易爆物品及食品，做到卫生清洁、环境美观，并保持室内、走廊畅通无阻。下班前关闭门窗和电气开关。

　　定期对库藏档案进行抽样检查，及时掌握档案保管情况，对检查中发现的问题要及时报告，并采取相应的措施予以处理。

参考文献

［1］赵承雄，陈炬，艾建国．燃气用户检修工［M］．北京：国防科技大学出版社，2015．

［2］中国石油天然气集团公司职业技能鉴定指导中心．燃气用户安装检修工［M］．北京：石油工业出版社，2016．

［3］邢国清．工程制图［M］．北京：化学工业出版社，2010．

［4］中国就业培训技术指导中心．燃气具安装维修工（初级）［M］．北京：中国劳动社会保障出版社，2012．

［5］徐晓刚．油气储运设施腐蚀与防护技术［M］．北京：化学工业出版社，2013．

［6］任亢健．家用燃气具及其安装与维修［M］．北京：中国轻工业出版社，2020．

［7］岑康．燃气工程施工［M］．北京：中国建筑工业出版社，2021．

［8］荀志远．建设工程技术与计量［M］．北京：中国计划工业出版社，2019．

［9］中国就业培训技术指导中心．燃气具安装维修工（高级）［M］．北京：中国劳动社会保障出版社，2012．

［10］邓铭庭．燃气用户安装检修工［M］．北京：中国建筑工业出版社，2017．

［11］段常贵．燃气输配［M］．北京：中国建筑工业出版社，2001．

[12] 同济大学，重庆大学，哈尔滨工业大学，等. 燃气燃烧与应用
    （第4版）[M]. 北京：中国建筑工业出版社，2011.

[13] 夏昭知. 燃气热水器 [M]. 重庆：重庆大学出版社，2002.

[14] 金志刚. 燃气应用理论与实践 [M]. 北京：中国建筑工业出版
    社，2011.

[15] 港华燃气. 地上燃气设施设计、施工及维修指引 [S].

[16] 港华燃气. 民用客户定期安全检查工作指引 [S].

[17] 港华燃气. 地上燃气设施设计、施工及维修工作守则 [S].

[18] 港华燃气. 压电点火灶具故障寻查流程 [S].